알기 쉬운 참다래 병해충과 생리장해

알기쉬운 참다래 병해충과 생리장해

대표저자 고영진
공동저자 김병호 · 마경철 · 신종섭 · 박용서 · 방극필

중앙생활사

| 머리글 |

　식물은 말을 할 수 없어 아픔을 직접 호소하지 못하지만 사람이나 동물처럼 여러 가지 질병을 앓고 고통을 받는다. 식물은 질병뿐만 아니라 해충과 선충, 부적합한 환경조건이나 기상재해에도 고통을 받아 신음하고, 생육이 위축되거나 수량이 감소하며 심지어 죽기도 한다.
　참다래도 예외가 아니어서 병해충과 생리장해가 다양하게 발생하지만 우리나라에 도입된 지 30년밖에 되지 않은 외래과수여서 다른 과수에 비하여 연구는 미진한 편이다. 그뿐만 아니라 아열대 낙엽과수인 참다래에 치명적인 태풍을 비롯하여 상해나 동해처럼 크고 작은 기상재해도 빈번하게 발생하여 참다래 재배농가에 타격을 주고 있다.
　순천대학교와 전라남도농업기술원 과수연구시험장에서 참다래 병해충과 생리장해를 연구하는 저자들은 영농공개강좌나 온라인 또는 오프라인을 통하여 참다래 재배농민들에게 꾸준히 참다래 병해충과 생리장해를 진단해주고 이에 대한 대책을 적절하게 처방해왔다.
　그런데도 최근에 참다래특화작목산학연협력단에 참여하여 참다래 재배현장을 주기적으로 방문할 때마다 재배농민들이 가장 큰 애로사항으로 병해충과 생리장해의 진단과 처방을 꼽는 것으로 미루어 병해충과 생리장해는 참다래 재배현장에서 여전히 가장 커다란 제한 요인이라는 사실을 알 수 있었다.
　다행스럽게도 저자들에게 상담했던 많은 참다래 재배농민들이 병해충과 생리장해를 슬기롭게 극복하여 나무를 건강하게 가꾸는 것을 보면 보람이 있다. 그러나 불행하게도 조기진단이나 효과적인 방제 실패로 과수원이 완전히 폐원되는 현장도 많아서 안타까운 마음을 금할 수 없었다.

이러한 뼈아픈 피해가 되풀이되지 않도록 참다래 재배농가를 하나하나 방문하여 병해충과 생리장해를 직접 진단하고 처방해주고 싶지만 이는 현실적으로 불가능한 일이다. 그래서 저자들은 그동안 연구결과와 경험을 통하여 얻은 지식을 현장사진과 함께 일목요연하게 정리하여 책으로 발간함으로써 참다래 재배농민들이 재배현장에서 발생하는 증상을 스스로 진단하고 처방할 수 있도록 간접적으로 도와주는 차선책을 선택하였다.

이 책에 실린 내용 가운데 일부는 아직 연구 중인 것도 있어서 나중에 보완이 필요하고, 일부는 원인이 정확하게 구명되지 않은 것도 있어서 아직 미흡하기 그지없다. 또 일부 병해충 방제약제로 제시한 약제 가운데 아직 참다래 전용약제로 등록되지 않은 것도 있어서 앞으로 해결해야 할 문제다.

부족하지만 이 책이 나올 수 있도록 도움을 많이 주신 참다래 재배농가와 참다래 특화작목산학연협력단 겸임연구관 그리고 출판에 적극 협조해주신 중앙생활사 김용주 대표님께 깊은 감사의 뜻을 전한다.

대표저자 고영진

차례

머리글

1장 참다래(헤이워드, 그린키위)의 병해

▶ **궤양병**_12
발생 현황 | 병징과 진단 | 병원균 | 병환 | 발생 생태 | 방제

▶ **꽃썩음병**_27
발생 현황 | 병징과 진단 | 병원균 | 병환 | 발생 생태 | 방제

▶ **과실무름병**_37
발생 현황 | 병징과 진단 | 병원균 | 발생 생태 | 방제

▶ **잿빛곰팡이병**_46
발생 생태 | 병징과 진단 | 병원균 | 방제

▶ **점무늬병**_50
발생 현황 | 병징과 병원균 | 방제

▶ **세균성점무늬병**_53
발생 생태 | 병징과 병원균 | 방제

▶ **역병**_56
발생 생태 | 병징과 진단 | 병원균 | 방제

▶ **갈색고약병**_59
발생 생태 | 병징과 병원균 | 방제

▶ 흰가루병 _61
발생 생태 | 병징과 병원균 | 방제

▶ 수지병 _63
발생 생태 | 병징과 병원균 | 방제

▶ 뿌리혹병 _66
발생 생태 | 병징과 병원균 | 방제

▶ 흰날개무늬병 _68
발생 생태 | 병징과 병원균 | 방제

2장 제스프리골드와 홍다래의 병해

▶ 궤양병 _72
▶ 펙토박테리움궤양병 _73
▶ 과숙썩음병 _77
▶ 흰가루병 _79
▶ 점무늬병 _81
▶ 세균성점무늬병 _83
▶ 수지병 _86
▶ 홍다래 역병 _87

3장 해충방제

▶**열매꼭지나방**_90
형태적 특징 | 발생 생태 | 피해 증상 | 방제법

▶**뽕나무깍지벌레**_93
형태적 특징 | 발생 생태 | 피해 증상 | 방제법

▶**당근뿌리혹선충**_97
형태적 특징 | 발생 생태 | 피해 증상 | 방제법

▶**기타 해충**_101
박쥐나방 | 으름밤나방 | 풍뎅이류 | 주머니나방 | 명주달팽이 | 참다래애매미충(가칭) | 녹응애

4장 생리장해

▶**질소결핍증**_110
▶**인산결핍증**_111
▶**칼륨결핍증**_112
▶**마그네슘결핍증**_114
▶**칼슘결핍증**_115
▶**황결핍증**_116
▶**철결핍증**_117
▶**붕소결핍증**_118
▶**망간결핍증**_119

▶ 수정불량과_120
▶ 기형과_121
▶ 공동과_123
▶ 낙하산잎_124

5장 기상재해와 기타 재해

▶ 동해_128
▶ 상해_131
▶ 풍해_132
▶ 습해_134
▶ 건조, 고온에 따른 수분장해_136
▶ 우박 피해_137
▶ 번개 피해_138
▶ 인도철사 피해_139
▶ 일소과_141
▶ 약해_142
▶ 에틸렌가스 피해_143

참고문헌_145

1장

참다래 (헤이워드, 그린키위) 의 병해

▶ 궤양병

– 발생 현황

참다래 궤양병(潰瘍病, Pseudomonas canker)은 1980년경 일본 시즈오카현에서부터 발생하기 시작하여 시즈오카현과 가나가와현 등에 엄청난 피해를 입힌 것으로 보고되었다. 최근에는 이탈리아, 이란, 중국 등에서도 궤양병이 발생하는 것으로 보고되었으나, 참다래 주산지인 뉴질랜드에서는 발생하지 않았다.

우리나라에서 궤양병은 1980년대 중반 제주도에서부터 발생하기 시작한 것으로 추정된다. 1987년에 한라산의 해발 100~200m 높이인 중산간 지역의 일부 과수원이 궤양병 때문에 폐원되고, 제주시 전역에서 큰 피해를 초래하였다.

1991년에는 제주도와 지리적으로 가장 근접한 전라남도 해남군에서 육지부에서는 최초로 궤양병 발생이 조사되었다. 그 이듬해부터 완도군과 고흥군 등 남해안 일대에 걸쳐 궤양병이 크게 발생하였고, 1993년에는 경상남도 서부 해안 지역까지 확산되었다.

참다래 궤양병의 발생과 피해 정도는 지형적·지리적 조건에 따라 다르며, 해마다 기상조건과 방제노력에 따라 발생 규모와 피해 규모는 일정하지 않다. 그러나 최근에는 우리나라에서 가장 따뜻한 서귀포시를 포함하여 참다래 재배지 전역에서 궤양병이 발생하고 있어 궤양병 안전 지역은 없다.

– 병징과 진단

줄기 병징으로 하는 진단

참다래 궤양병은 감염된 가지의 전정부위 또는 주간부에 생기는 크고 작은 균열과 이 균열된 부위에서 흘러나오는 세균유출액(bacterial ooze)으로 쉽게 식별할 수 있다. 보통 1~2월경에는 우윳빛 또는 누런색을 띤 세균유출액 방울이 상처부위 또는 전정부위 등에서 조금씩 나온다.

3월경부터는 수액이 매우 활발하게 이동하여 병든 가지를 전정했을 때 다량의 세균을 함유한 누런 수액이 심하게 흘러나온다. 병이 진전됨에 따라 피층부가 죽으면서 수피가 벗겨지고 4~5월에는 수피 조직의 색소와 섞여 붉은색이나 검붉은색으로 변한 세균유출액이 마치 줄기에서 피가 흐르는 것처럼 흘러내린다.

새로 나온 순에는 세로로 수많은 균열이 생기거나 피목을 통해 우윳빛 세균유출액 방울들이 나오기도 한다. 5월이 지나 대기온도가 점차 올라감에 따라 증산작용이 활발해지면서 세균유출 증상은 사라지며, 6월 하순경부터는 장마 때문에 세균유출액이 씻겨내려 그 흔적조차 찾기 힘들지만 주간에 병징이 남은 채로 월동하기도 한다.

참다래 결실수(암나무)인 헤이워드(Hayward) 품종에 비해 수분수(수나무)인 마튜아(Matua) 품종에서는 이러한 세균유출액이 잘 드러나지 않으며 경미한 세균유출액이 어린 가지 부위에서 관찰되기도 한다.

잎 병징으로 하는 진단

궤양병에 감염된 참다래의 새로 나온 잎에는 4월 초부터 연두색이나 노란색의 작은 무리(chlorotic halo)가 나타나서 점차 확대되어 가운데에 갈색의 작은 점무늬가 만들어진다. 5월경 작은 점무늬는 새순이 생장함에 따라

▲ 참다래 궤양병의 줄기 병징

지름 0.5~1cm 정도의 부정형 암갈색 무늬로 바뀌며, 이 갈색 무늬 둘레에는 여전히 두께 0.2~1cm 정도의 노란 띠가 뚜렷이 나타난다.

병이 진전되면 갈색 점무늬는 서로 융합하여 불규칙한 병반을 형성하기

▲ 참다래 궤양병의 잎 병징

도 하고 심하면 잎 전체에 병반이 번지면서 잎이 말라죽거나 낙엽이 진다.

습한 날씨에는 노란 띠 없이 다각형 점무늬만을 생성하거나 잎의 뒷면에서 세균유출액 방울이 나오기도 한다. 이렇게 잎에서 나타나는 참다래의 전형적인 병징은 보통 장마기까지 지속되고 대기온도가 높은 7월 이후에는 거의 발견되지 않지만, 가을까지 노란 띠가 있는 갈색 점무늬 병징이 잎에 뚜렷하게 남는 경우도 있다.

꽃 병징으로 하는 진단

감염된 꽃은 갈변하고 꽃잎의 발육이 불량해져 꽃썩음병 병징과 비슷한 증상이 나타나는데, 궤양병 감염 초기에는 꽃받침이 먼저 갈변되고 꽃잎은 외관상 건전해 보이지만 꽃썩음병 감염 초기에는 꽃잎이 먼저 갈변되고 꽃받침이 건전해 보이는 것으로 구분할 수 있다. 심하게 감염된 꽃봉오리나 꽃잎에서도 줄기나 가지에서 나타나는 우윳빛 세균유출액이 나온다.

- 병원균

참다래 궤양병균(Pseudomonas syringae pv. actinidiae)은 원핵생물에 속하는 단세포 세균이다. 매실나무와 자두나무 궤양병균(Pseudomonas syringae pv. morsprunorum)도 참다래에 병원성을 나타내는 것으로 보고되었으나, 매실 궤양병이 참다래 궤양병의 전염원 역할을 하지는 않는 것으로 보고되었다. 감귤 궤양병균(Xanthomonas axonopodis pv. citri)과는 세균의 분류학적 속부터 다르다.

참다래 궤양병균은 짧은 막대기 모양이고 크기는 $1\sim2\times1.5\sim4.5\mu m$에 불과하여 1,000배 현미경으로 간신히 볼 만큼 작다. 한천배지에서 흰색 균총을 형성하는 무색투명한 세균으로 염색해야 관찰할 수 있는데, 그람염색(Gram staining)을 하면 붉은색으로 염색되는 그람음성균(Gram negative)에 속한다.

참다래 궤양병균의 몸통 한쪽 끝에 편모라는 운동성 기관이 1~2개 있어서 물속에서 헤엄치고 스스로 움직일 수 있으며 비나 관개수에 의해 전반된다. 참다래 궤양병균은 빙핵활성이 있어서 참다래 줄기나 가지에 저온에 따른 동해나 상해가 쉽게 일어나게 하고 발병도 촉진한다. 즉 참다래 궤양병균이 참다래 줄기나 가지에 감염되면 건전한 참다래에서는 동해가 일어나지 않는 기온에서도 동해나 상해가 발생한다.

참다래 궤양병균은 세균 세포 한 개가 두 개로 분열하는 2분법으로 증식한다. 다른 유사 세균에 비해 저온성 세균으로 12~18℃가 생장적온이다. 따라서 온도와 영양 조건 등 세균 증식에 적합한 환경에서는 20~30분마다 왕성하게 분열할 수 있으므로, 단 한 개의 세균이 여섯 시간 뒤에는 수천 개, 12시간이 지나면 수천만 개, 하루 만에 수십조 개가 넘을 만큼 기하급수적으로 증식한다.

　일본에서는 참다래 궤양병균이 야생다래에서 발생하는 반점세균병균에서 유래하는 것으로 보고되었는데, 우리나라에서도 그럴 가능성이 있지만 아직 확인되지 않았다. 우리나라에 분포하는 참다래 궤양병균 집단은 일본에 분포하는 참다래 궤양병균 집단과 유전적으로 차이가 있으며, 일본에 비하여 항생제에 대한 저항성은 아직 높지 않다.

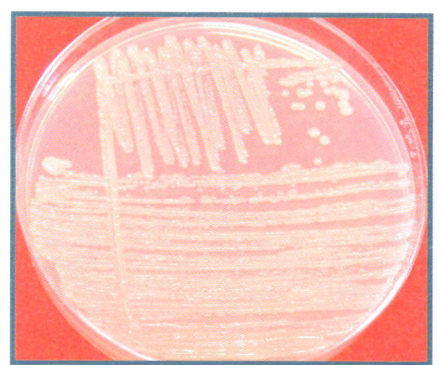 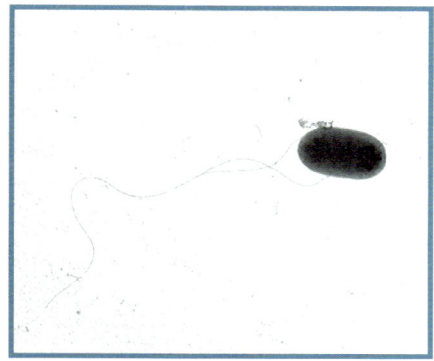

▲ 참다래 궤양병균의 균총(왼쪽)과 전자현미경 사진(오른쪽)

– 병환

　참다래 식물체 주간부나 가지 내부의 병든 조직에서 잠복하여 여름과 가을 고온기를 이겨낸 참다래 궤양병균은, 11월 이후 겨울철이 되면서 기온이 낮아지면 활동을 재개하여 왕성하게 증식을 개시한다.

　낙엽이 지고 생장이 멈춘 채 월동하는 참다래의 감염된 가지나 주간부에는 세균 증식으로 도관이 팽창하기 때문에 크고 작은 균열이 생기고, 이 균열된 부위에서 보통 1~2월경부터 우윳빛이나 누런색을 띤 세균유출액 방울들이 조금씩 나온다. 상처부위 또는 전정부위 등에서 세균유출액은 훨씬 왕성하게 나오는데, 3월경부터는 수액의 이동이 매우 활발하여 병든 가지를 전정하면 다량의 세균을 함유한 누런 수액이 많이 흘러나온다.

　참다래 궤양병균이 잎에서 생육하는 데 적합한 온도는 10일 평균 기온이

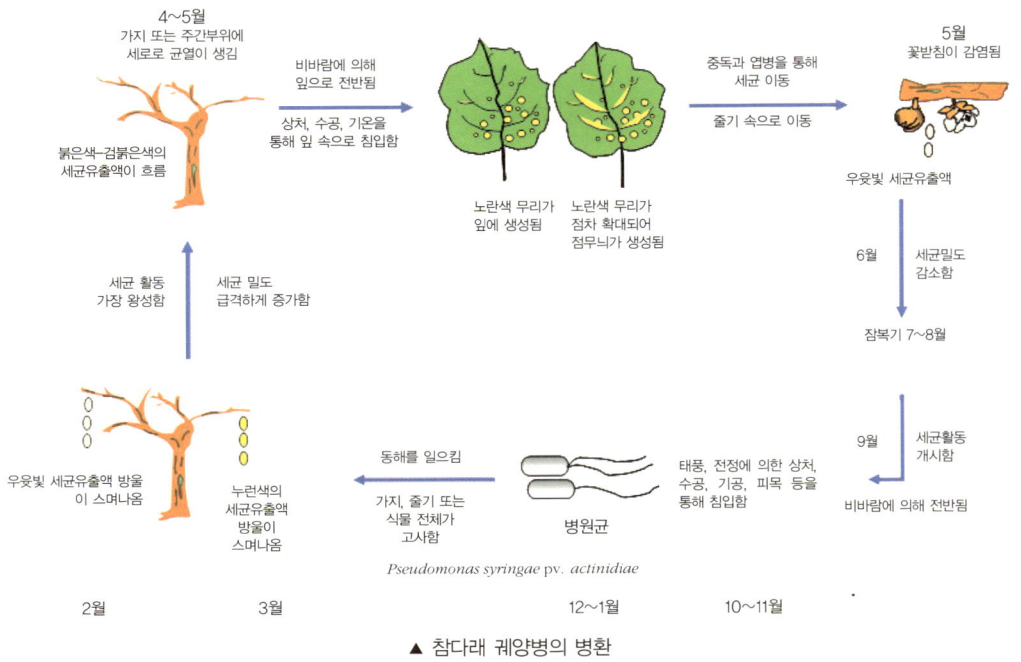

▲ 참다래 궤양병의 병환

12~18°C이고, 엽육의 길이가 2cm일 때 참다래 잎은 궤양병에 대한 감수성이 가장 강하다. 따라서 4월부터 참다래 잎이 나온 후 참다래 궤양병균은 비바람이나 관개수에 의해 잎으로 전반된 후 잎이나 줄기에 있는 상처, 수공, 기공, 피목을 통하여 잎 속으로 침입하여 연두색이나 노란색의 작은 무리(chlorotic halo)가 나타나고 점차 확대되어 가운데에 갈색의 작은 점무늬가 만들어지는 전형적인 병징을 일으킨다.

잎이 성숙하고 기온이 20°C 이상인 여름의 고온기에 이르면 참다래 궤양병균의 밀도가 급격하게 감소하며 기온이 25°C 이상일 때는 잎에 병징이 나타나지 않는다. 32°C 이상 고온에서는 참다래 궤양병균이 사멸할 만큼 고온에 약하기 때문에 잎 속의 참다래 궤양병균은 중륵이나 엽병을 통해 가지나 주간부 내부 깊숙이 잠복한 상태로 여름을 지내고, 다시 생육에 적합한 10일

평균 기온이 12~18℃가 되는 10~11월부터 세균의 밀도는 계속 증가한다.

주로 가을부터 겨울 사이에 생긴 상처 또는 전정부위를 통하여 침입한 세균은 2월부터 세균유출액과 균열 등 전형적인 병징을 나타내면서 세균의 밀도는 봄에 최대가 되고, 가지와 줄기에 세균유출액을 많이 보이며, 상당 기간 흔적을 남기기는 하지만, 5월이 지나 대기온도가 올라가면서 증상이 사라진다. 6월 하순경부터는 장마에 병징이 씻겨내려 흔적조차 찾기 힘들지만 주간에 병징이 남은 채로 월동하기도 한다.

줄기의 병징은 기온이 다시 내려가는 이듬해 늦겨울부터 이른봄에 걸쳐 재발생하며, 주간부위까지 심하게 감염된 성목은 1~2년 안에 대부분 고사하며, 심하게 감염된 과수원은 폐원에 이른다.

▲ 궤양병에 감염된 참다래 나무(왼쪽)와 폐원된 과수원(오른쪽)

- 발생 생태

참다래 궤양병균의 가지 침입과 감염은 가지의 상처와 기온과 밀접한 관련이 있다. 상처가 없는 가지에 참다래 궤양병균을 접종하면 접종시기에 관계없이 궤양병이 발생하지 않았다.

그러나 참다래 가지에 상처가 있을 때에도 고온기인 7월에는 궤양병이 발생하지 않았지만, 9월부터는 조금씩 궤양병이 발생하고, 그 후 기온이 낮아지면 발병률이 급격하게 증가해 12월부터는 거의 100% 발병률을 나타냈다.

참다래 가지에서 상처에 감염된 궤양병의 진전은 감염시기와 밀접한 관련이 있다. 1월 초순에서 2월 초순에 이를 때까지 감염시기가 늦어지면 궤양병은 빠르게 진전되고, 가지에서 궤양병에 감염된 부위도 늘어나서 감염 2개월 후에 접종된 가지 부위에서 216m 이상까지도 궤양병이 진전되었다.

또한 참다래 헤이워드 잎에서 참다래 궤양병균의 밀도는 기온과 밀접한 관련이 있다. 참다래 궤양병균은 잎에서 5월경까지 왕성하게 증식하고, 6월에는 밀도가 급격하게 떨어지며, 6월 이후 10월까지는 극히 낮은 밀도로 잠복 존재하다가 기온이 낮아지는 11월부터는 밀도가 서서히 증가하였다.

위와 같이 참다래 결실기인 6월부터 수확기인 11월 사이에는 참다래 궤양병균이 잠복하여 활동하지 않는 특성 때문에 참다래 과실에는 궤양병이 발생하지 않는다. 우리나라에서 참다래 궤양병의 지형적·지리적 발병 현황은 저온과 관련이 깊다. 제주도의 경우 해안지역과 남제주군에서는 궤양병 발생이 심하지 않은 반면에, 북제주군과 제주시에서는 상대적으로 기온이 낮은 한라산 북쪽 사면 해발 100m 이상의 중산간 지역 과수원에서 궤양병이 매우 심하게 발생한다.

전라남도에서도 궤양병이 가장 심하게 발생한 고흥군 금산면은 거금도의 남쪽 사면에서는 발생하지 않은 반면에 한랭한 북풍을 접하는 북쪽 사면에서 궤양병이 격발하였다. 완도군은 군외면을 비롯한 대부분의 과수원에서 겨울에 냉기류가 지나가거나 머무는 북서 방면에서부터 궤양병이 발생하고 피해도 크다.

또한 방풍림이 조성되지 않았거나 방풍이 허술한 곳에서 궤양병이 격발하는데, 방풍이 불량한 과수원은 겨울에 냉기류를 직면할 뿐만 아니라 태풍이나 비바람 때문에 상처가 쉽게 생겨 궤양병균이 침입하여 감염을 일으키기에 적합하기 때문이다.

한편, 저온 조건에서 궤양병에 심하게 감염된 가지나 주간부에서는 예외 없이 균열에 의한 수피터짐 증상을 관찰할 수 있었다. 이러한 균열은 궤양병 감염에 앞서 저온 때문에 발생한 동상으로 생긴 상처로, 참다래 궤양병균의 침입 감염 통로로 작용했을 가능성도 있지만, 잎 또는 기타 부위를 통해 이미 감염을 일으킨 참다래 궤양병균의 빙핵활성에 의해 가지나 줄기에서 결빙되어 발생한 동해의 결과일 가능성이 높다.

참다래 궤양병균은 빙핵활성이 있는 세균이므로 궤양병에 걸린 나무는 건전한 나무보다 비교적 높은 온도에서도 동해를 입기 쉽다. 이렇게 저온에서 더 활성화되는 참다래 궤양병균의 특성 때문에 제주도보다 상대적으로 기온이 더 낮은 전라남도와 경상남도의 참다래 재배지에서는 앞으로 더 극심한 궤양병 발생과 피해가 우려된다.

우리나라에서 궤양병의 발생과 확산 과정을 추적하고 지리적 여건을 고려해볼 때 참다래 궤양병은 일본에서 제주도로 유입되었을 것으로 추정했다. 그러나 일본에 분포하는 참다래 궤양병균 집단과 우리나라에 분포하는 참다래 궤양병균 집단의 유전적 특성을 분석한 결과 우리나라에 분포하는 궤양병균은 일본의 궤양병균과는 유전적으로 연관성이 적은 것으로 나타나 일본에서 제주도로 궤양병균이 유입되었을 가능성은 희박하다.

그러나 국내에서 참다래 궤양병 전파 경로를 추적해보면, 1980년대 중반 제주도에서 발생하여 2~3년간 심하게 발병했고, 묘목·태풍 등의 전염

▲ 궤양병에 의해 폐원된 후 방치된 과수원

수단에 의해 제주도와 가장 근접한 육지부인 전라남도 해남이나 완도 등으로 전파되었으며, 그곳에서 전라남도 동부와 경상남도 서부 해안까지 확산되었으리라 추정한다.

이처럼 우리나라에서 참다래 궤양병이 격발한 원인은 아열대 과수인 참다래가 자라기에 부적합한 재배지 선택, 궤양병 인식 부족, 재배 관리 소홀, 묘목 관리 소홀, 궤양병 때문에 폐원된 과수원 방치, 궤양병 예방약제의 무살포 등으로 요약할 수 있다.

– 방제

경종적 방제

병든 묘목을 통한 전염을 예방하기 위하여 궤양병에 감염되지 않은 건전 묘목을 엄선하여 재배한다. 궤양병균은 상처를 통해서 감염되므로 겨울철 찬바람을 막을 수 있는 방풍림, 방풍망 등 방풍 조치를 하거나 비가림 시설을 하고, 주간부위를 짚이나 비닐 등으로 감싸 동해를 방지하여 상처를 통한 감염을 예방한다.

특히 겨울철 가뭄과 동해 우려가 높은 제주도의 해발 100m 이상의 높은 지대와 북서풍을 직면하거나 냉기류가 머무는 야산의 북사면은 저온을 선

▲ 방풍림이 잘 조성된 과수원(왼쪽)과 비가림 시설이 설치된 과수원(오른쪽)

호하는 궤양병 발생의 적지이므로 참다래 재배를 지양한다.

참다래 과수원 토양에 적절한 배수와 비배 관리 등으로 수분부족과 영양부족에 의한 수세 약화를 방지하고 동해와 궤양병에 대한 저항성을 증대시킨다. 참다래 과수원 내부에 통풍이 잘 되게 적절히 전정해 가지의 도장과 잎이 지나치게 무성해지는 것을 방지하여 건강한 수형을 유지한다. 겨울철 전정은 참다래 궤양병균이 왕성하게 활동하기 전인 1월 중순 이전에 끝낸다.

전염원이 될 수 있는 전정한 줄기, 가지, 낙엽 등을 철저하게 제거하여 과수원을 청결하게 유지한다. 심하게 감염된 나무의 병든 주간을 절단한 절단부위에서는 세균유출액이 대량으로 흘러나오고 절단된 부위에서 수많은 새순이 나오지만, 이들 또한 곧 감염되어 계속적으로 궤양병의 전염원 역할을 하므로 뿌리째 뽑아 소각해야 한다.

외과적 처치

참다래 궤양병은 감염부위에서 2m까지 진전되기 때문에 감염 초기의 병든 나무에서는 세균유출액이 흘러나오는 가지 부위에서 2m 정도 주간부위를 절단하여 반드시 소각하고 전정부위와 상처부위에는 도포제인 톱신페스

▲ 전정 후 과수원 포장에 방치된 병든 가지와 낙엽

▲ 전정 후 방치한 줄기(왼쪽)와 도포제를 처리한 줄기(오른쪽)

트(thiophanate-methyl)를 처리한다.

　겨울철에 전정한 후에는 전정부위에 도포제를 발라 전정 상처를 통한 감염을 예방한다. 전정에 사용하는 가위, 칼, 톱 등은 번거롭더라도 사용할 때마다 에틸알코올이나 클로락스 등에 담가 소독하여 전정기구를 통한 궤양병 전염을 예방한다. 전정가위를 에틸알코올에 적신 다음 라이터로 불을 붙이는 방법을 권장한다.

약제 살포

　우리나라에서 참다래 궤양병 약제로 등록·고시된 아그리마이신 수화제를 포함하여 코사이드 수화제, 농용신-쿠퍼 수화제, 가스신 액제, 농용신 수화제 등이 참다래 궤양병 예방약제로 선발되었다. 코사이드 수화제(1,000배)와 농용신-쿠퍼 수화제(1,000배)의 방제 적기는 전정 직후인 1월 중순부터 2월 초순이다.

　가스신 액제(1,000배)의 방제 적기는 신초소생기인 3월 하순부터 4월 초순이다. 농용신 수화제(1,000배)와 아그리마이신 수화제(650배)의 방제 적기는 전엽기인 4월 중순부터 5월 초순이다.

　동일 약제 연용을 삼가고, 각 약제의 살포적기에 따라 서로 다른 약제를 교대로 살포하면 참다래 궤양병 예방 효과가 증대되고 약제 저항성 균의 출현을 지연시킬 수 있다. 코사이드 수화제와 농용신-쿠퍼 수화제를 잎이 나온 4월 중순 이후에 살포하면 잎에 약해를 입히므로 월동기에만 사용해야 한다. 일본에서는 아그리마이신 수화제(650배), 농용신 수화제(1,000배), 아다킹 수화제(700배), 가스신 액제(400~500배) 등의 항생물질제와 6-6식 보르도액, 코사이드 수화제(2,000배), 코사이드-보르도액제(2,000배), 가스신-보르도액제(1,000배) 등의 동제와 혼합제가 참다래 궤양병 유효약제로 보고되었다.

참다래 궤양병은 세균성 병해이기 때문에 곰팡이 병해와 달리 약제방제 효과가 낮고 약제 살포로는 이미 감염된 식물체 완치는 불가능하다.

수간주입

항생제나 동제 또는 항생제-동제 합제 살포는 참다래 궤양병 예방효과가 있지만, 항생제의 수간주입으로 50% 이상의 치료 효과를 얻을 수 있다. 참다래 궤양병 치료를 위한 수간주입에는 일본에서 시판 중인 아그렙토 액제 1,000배액을 사용한다.

참다래 궤양병 예방약제로 등록·고시된 아그리마이신 등의 수화제는 물에 완전하게 녹지 않아 침전물이 생기거나 수간주입구를 막기도 하므로 수간주입용으로 사용할 때에는 물에 희석하여 완전하게 녹인 다음 수화제에 함유된 보조제를 가라앉히고 상등액만 수간주입한다.

중력식 수간주입기를 사용할 때에는 수확 후부터 낙엽 직전까지 지상 10~30cm 높이의 주간 중심부위에 지름 5mm를 크기로 반대측 피층 가까이까지 드릴로 구멍을 뚫은 후 연질고무로 막아서 만든 구멍에 약제를 주입한다. 보통 주간부마다 구멍을 두 개 뚫어 수간주입하되 수령과 수관의 크기에 따라 그루당 약 3,000~5,000mL를 주입한다.

중력식 수간주입이 어려운 시기에는 압력식 수간주입기(모제, mauget)로 주당 두 개씩 약량 0.5g씩의 항생제(streptomycin 또는 oxyteracycline)를

10mL의 물에 녹여 주입한다.

　수간주입은 약제 살포보다 치료효과가 높지만 궤양병 감염초기에 주입해야 완치가 가능하다. 궤양병 감염이 2~3년 이상 진행된 나무에서는 수간주입을 설치하기가 번거로워도 몇 년 동안 되풀이해야 치료가능하고 치료기간 중 약제 살포를 함께해야 치료효과를 높일 수 있다.

▲ 참다래 궤양병 치료를 위한 중력식 수간주입 방법

▶ 꽃썩음병

− 발생 현황

참다래 꽃썩음병(花腐病, bacterial blossom blight)은 꽃봉오리, 꽃, 어린 과실에서 5월 초순부터 6월 초까지 발병하며, 주로 개화기인 5월 중순부터 만개기인 5월 하순 사이 2주간에 걸쳐 집중적으로 발병한다. 참다래 재배자들은 꽃썩음병이 발생해도 궤양병처럼 수세에는 큰 영향을 미치지 않을 뿐만 아니라 이듬해 수량에도 거의 영향을 미치지 않기 때문에 매년 10~20% 정도의 꽃썩음병 발생은 자연스런 적화 또는 적과 수단으로 여기고 방제하지 않는 경향이 있다.

그러나 개화기에 강우가 겹치면 꽃썩음병이 격발하여 조기낙화와 낙과 또는 기형과를 발생시켜 엄청난 수량 감소를 일으킨다. 또한 꽃썩음병의 격발은 과수원에 전염원을 양산시켜 해마다 꽃썩음병 발생이 심해지는 꽃썩음병 재격발의 악순환을 불러온다.

이처럼 꽃썩음병 발생은 지역에 따라 조금 차이가 있지만 해마다 일정하지 않으며, 강우량과 밀접한 관련이 있다. 즉 개화기에 강우가 겹치면 강우량에 비례하여 꽃썩음병 발병률도 증가한다.

헤이워드, 향록, 몬티 등의 재배 품종 전반에 자연 발병하고 수나무의 토무리, 마튜아에도 발병하지만 감수성에서 명확한 차이는 없다.

▲ 건전한 참다래 꽃(왼쪽)과 꽃썩음병에 감염된 꽃봉오리(오른쪽)

▲ 참다래 꽃썩음병에 걸린 암꽃(왼쪽)과 수꽃(오른쪽)

– 병징과 진단

꽃 병징으로 하는 진단

꽃썩음병의 병징은 참다래 포장 전체에서 고르게 관찰할 수 있고, 꽃썩음병은 꽃봉오리가 벌어질 무렵부터 건전한 꽃 사이에서 군데군데 다양한 병징을 나타낸다. 꽃썩음병 감염 초기에는 꽃잎이 가장자리부터 수침상으로 갈변되고 암술도 갈변되며, 꽃잎에서 수침상의 병징이 진전되어 일부 꽃잎이 떨어지기도 하지만 꽃받침이 건전해 보이는 것으로 궤양병과 구분할 수 있다.

꽃썩음병 발병 후기에는 꽃잎, 암술, 꽃받침까지 꽃 전체가 짙은 초콜릿빛 갈색을 띠면서 말라죽으며, 수꽃에서도 비슷한 병징을 나타낸다. 꽃썩음병에 심하게 감염되면 꽃잎이 전개되기 전 꽃봉오리 상태에서 암술, 꽃잎, 꽃받침, 꽃자루까지도 갈색으로 변하거나, 개화해 수분되지 못한 상태에서 꽃이 갈색으로 변하여 낙화되고 꽃자루만 남는다.

과실 병징으로 하는 진단

감염된 꽃은 수분되어도 과실까지 감염되고 감염된 과실은 씨방 발육이 불량하여 크기가 작거나 기형이 되며 과실 표면이 갈색으로 변한다. 감염된 과실을 절단하면 건전한 과실의 내부 과육조직은 연두색을 띠는 반면에 감염된 열매는 표면뿐만 아니라 내부 과육조직도 갈색으로 변하고 말라죽는다.

▲ 참다래 꽃썩음병에 걸린 과실의 외부 병징

▲ 건전한 참다래 과실의 내부(왼쪽)와 병든 과실의 내부 병징(오른쪽)

- 병원균

참다래 꽃썩음병균(*Pseudomonas syringae* pv. *syringae*)은 원핵생물에 속하는 단세포 세균이다. 따라서 우리나라에서 참다래 꽃썩음병은 참다래 궤양병균과는 속명과 종명은 동일하지만 병원형(pathovar)만 다른 병원 세균에 의해 발생한다. 즉 참다래 꽃썩음병균은 참다래 궤양병균과 형태적 특성은 거의 일치하고 기주 식물체에 나타내는 병원성만 다르다.

따라서 참다래 꽃썩음병균도 참다래 궤양병균처럼 짧은 막대기 모양인 그람음성균에 속하며, 몸통 한쪽 끝에 2~4개의 편모가 있어 물속에서 헤엄치고 스스로 움직일 수 있으며, 비나 관개수에 의해 전반된다. 참다래 꽃썩음병균도 2분법으로 증식하지만 참다래 궤양병균과는 달리 20~25℃ 정도의 온도가 생장적온이다.

참다래 꽃썩음병균은 25℃에서 분열하여 증식하는 데 90분밖에 걸리지 않기 때문에 단 1개의 세균이라도 하루 동안 16번 분열하여 약 6만 5,536개로 증식할 수 있다.

- 병환

10월 하순에 참다래를 수확하고 남아 있는 전년도의 죽은 과경지는 전정 전까지 결과지에 계속 붙어 있어 지속적으로 참다래 꽃썩음병을 일으키는 가장 중요한 월동처이다. 또한 포장 내 잔존물인 전정가지, 낙엽, 참다래 나무의 주간, 가지, 주지에서도 병원세균이 월동하고, 과수원 토양에서도 참다래 꽃썩음병균이 낮은 밀도로 존재한다.

각 부위에서 월동한 병원세균은 2~4월이면 밀도가 점점 증가하고, 5월부터 급속하게 밀도가 높아진다. 특히 참다래 개화기인 5~6월에 병원세균의 증식 밀도가 가장 높고 7월까지 5~6월의 밀도를 유지한다.

참다래 과수원에서 병원세균의 밀도는 최소발병농도보다 항상 높지만, 꽃썩음병 발병률은 개화기의 강우량과 밀접한 관련이 있어 개화기에 주로 참다래 나무의 선단부에 높은 밀도로 증식한 결과지의 병원세균이 개화기 강우에 따른 비바람에 의하여 전반되거나 관개수에 의하여 전반된다.

참다래 꽃썩음병균은 꽃봉오리가 형성되고 꽃이 피는 시기에 먼저 핀 꽃이나 꽃봉오리에 전반되면 수공이나 상처를 통하여 감염되어 1차적으로 꽃썩음병을 일으킨다. 재배 환경이나 기상 조건이 발병에 적합하면 꽃썩음병은 급속하게 진전되고, 병원균이 급격하게 증식하면서 빗물이나 관개수에 의해 주변에 있는 꽃이나 꽃봉오리 또는 어린 과실로 전반되어 개화기 동안 지속적으로 발병한다.

참다래 꽃썩음병의 감염 초기에는 꽃잎이 가장자리부터 수침상으로 갈변되고 암술도 갈변되며, 꽃잎에서 수침상의 병징이 진전되면서 일부 꽃잎이 떨어지기도 한다. 발병 후기에는 꽃잎, 암술, 꽃받침까지 꽃 전체가 짙은 초

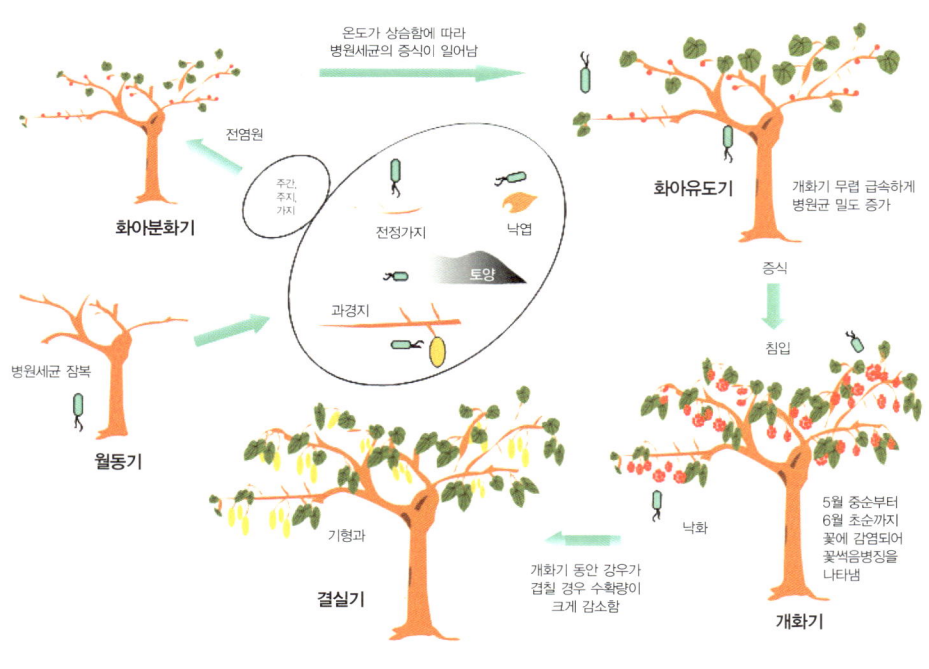

▲ 참다래 꽃썩음병의 병환

콜릿 빛 갈색을 띠면서 말라죽었으며, 수꽃에서도 비슷한 병징을 나타낸다.

 감염된 꽃은 또한 개화하여 수분되어도 종자가 균일하게 분포하지 않게 되거나 씨방 발달이 빈약하여 크기가 작거나 기형과가 된다. 더 심하게 감염된 과실에서는 과실 표면이 갈색으로 변하고 병의 진전에 따라 과육까지도 갈색으로 변하여 결국 낙과한다.

 참다래 꽃썩음병균은 참다래 나무 위나 참다래 과수원 포장에 존재하는 식물체 잔존물이나 토양 등에서 여름부터 이듬해 봄까지 월동한 뒤 참다래 꽃봉오리가 형성되는 4월 중순에서 개화기인 5월 하순 사이에 병원세균 생장에 적합한 온도가 되면 각종 월동부위에서 참다래 꽃썩음병을 일으키는 병원세균의 발병 최소농도 이상으로 급속하게 증식한다. 증식된 병원세균은 개화 전에 참다래 꽃봉오리나 개화 중인 꽃으로 전반되어 감염을 일으키고 꽃썩음병을 일으키는 병환을 되풀이한다.

- 발생 생태

 참다래의 개화기인 5월 중순에서 6월 초까지 참다래 재배지 전역에 걸쳐 꽃썩음병이 발생한다. 꽃썩음병의 발생률과 피해율은 재배지역과 개화기 전후의 날씨에 따라 해마다 큰 차이가 있지만, 50% 넘게 피해를 입은 농가도 많다. 특히 개화기에 강우가 겹치면 빗물은 참다래 잎이나 가지 등에 존재하는 병원세균을 꽃 속으로 옮겨줌으로써 감염 2~3일 안에 꽃썩음 증상을 일으켜 조기 낙화나 낙과를 초래하여 피해가 심하다.

 참다래 꽃썩음병균은 빗물을 따라 전파되고 상처를 통해 쉽게 침입한다. 따라서 방풍림, 방풍벽, 방풍망 등 방풍시설이 없거나 허술한 과수원은 바람 때문에 식물체에 상처가 생겨 꽃썩음병이 쉽게 감염된다. 밀식하였거나 도장지의 발생 등으로 덕 아래쪽에 광선 투과가 나쁘고 통풍이 잘 안 되는 과수원에서는 습도가 높아 감염과 발병이 잘 일어난다.

 참다래 과수원에 존재하는 각종 부위를 대상으로 참다래 꽃썩음병균의 월동부위를 추적한 결과, 죽은 과경지에서 가장 높은 밀도의 전염원이 검출되었고, 이어서 전정된 가지나 낙엽에서 높은 밀도의 전염원이 검출되었다. 또한 과수원 토양과 참다래 나무의 주간, 주지, 가지, 신초눈 부위에서도 점염원은 비교적 높은 빈도로 검출되었다.

참다래 꽃썩음병균 전염원의 가장 주요한 월동 장소는 참다래 나무나 과수원에 존재하는 잔존물이다. 그중에서도 전년도에 수확한 참다래 과실이 달려 있었던 죽은 과경지에서 가장 높은 밀도의 전염원이 검출되거나 참다래 과수원에 방치된 전정된 가지나 낙엽에서 높은 밀도의 전염원이 검출된 사실은 참다래 꽃썩음병 발생을 예방하려면 참다래 과수원의 포장위생이 대단히 중요함을 시사한다.

참다래 꽃썩음병균 전염원은 참다래 과실을 수확하고 남은 과경지나 참다래 포장 내에 방치한 전정된 가지나 낙엽 등 식물체 잔존물에서 높은 밀도로 월동하는 것으로 밝혀졌으므로, 참다래 꽃썩음병을 방제하려면 먼저 참다래 포장에 존재하는 불필요한 식물체 잔존물을 수거한 뒤 소각하여 포장을 청결하게 유지해야 한다.

더불어 참다래 신초눈을 비롯하여 주간, 주지, 가지 등 식물체에서도 병원세균이 골고루 월동하는 것으로 추정되기 때문에 포장위생 외에도 참다래 나무에 약제를 살포하는 전염원 제거가 추가적인 예방법이라고 판단된다.

한편 참다래 꽃썩음병균이 참다래에 꽃썩음병을 일으킬 수 있는 최소농도는 10^4cfu/mL로 밝혀졌으며, 병원세균의 농도에 비례하여 꽃썩음병의 발병량이 증대되는 것으로 보고되었다. 참다래 개화기에는 $10^5 \sim 10^6$cfu/g의 전염원이 각종 부위에서 상존하기 때문에 비가 오면 빗물 속에 발병 최소농도 수준 이상의 전염원이 상시 존재한다고 볼 수 있다.

참다래 꽃썩음병균의 최적 생장온도는 20~25℃ 사이고 온도가 높아질수록 증식속도는 빨라진다. 1~6월까지 6개월 동안 참다래 병원세균의 채집 밀도 변화를 조사한 결과 기온이 상승할수록 채집 밀도가 모든 월동부위에서 높아졌다. 특히 3~5월 사이에는 5배의 급속한 전염원 밀도 증가가 관찰되었다.

따라서 우리나라에서 참다래가 재배되는 남부지방의 기온이 20~25℃로 유지되는 4, 5월에 참다래에 병원세균이 최적 생장하고 감염과 발병이 활발하게 일어남을 유추할 수 있다.

결국 각 월동부위에서 월동에 성공한 참다래 꽃썩음병균의 전염원은 겨울철 전정이 끝나는 1월에 참다래 나무에 가장 낮은 밀도로 존재하다가 기온이 상승하면서 급격하게 밀도가 증가하기 때문에, 가능하면 1월 중순 겨울철 전정 직후에 약제방제를 실시해야 전염원 밀도 최소화에 효과적이라고 할 수 있다.

– 방제

경종적 방제

참다래 꽃썩음병균은 상처에 의해 감염되므로 방풍 조치를 해서 식물체에 상처가 생기는 것을 방지하여 상처 감염을 예방한다. 개화기 전에 과수원 내부에 통풍이 잘 되도록 적절하게 전정하여 가지의 도장과 잎이 지나치게 무성해지는 것을 방지하여 건강한 수형을 유지한다. 비료를 많이 주거나 강한 전정을 피하고, 수세를 안정시킨다.

개화기에 강우가 겹치는 해에는 꽃썩음병 발병과 피해가 심각하므로 비가림 시설을 하면 참다래 꽃썩음병의 발생을 효율적으로 경감시킬 수 있다.

빗물이 참다래꽃에 직접 닿지 않게 비가림할 수 있으면 비가림 시설의 종류는 꽃썩음병 방제효과에 영향을 미치지 않는다. 따라서 참다래 개화 75일 전인 3월 10일경에 비가림하면 참다래 꽃썩음병의 발생을 거의 완벽하게 방제할 수 있다.

그러나 비가림 시기가 늦어질수록 참다래 꽃썩음병의 방제효과는 급격하게 낮아지므로 참다래 개화 1개월 전인 4월 25일까지는 비가림을 해야

▲ 참다래 꽃썩음병 예방을 위한 환상박피 방법

80% 이상 방제효과를 거둘 수 있다.

또한 참다래 주간에 환상박피를 하면 참다래 꽃썩음병을 예방할 수 있다. 참다래 개화기 1~2개월 전에 환상박피를 하면 85% 이상의 방제효과를 거둘 수 있으며, 45일 전인 4월 10일경에 환상박피를 하면 꽃썩음병의 발생을 가장 효과적으로 경감시킬 수 있다.

주간부위에서 환상박피 높이는 꽃썩음병 방제효과에 영향을 미치지 않으며, 꽃썩음병 방제에 적합한 환상박피 폭은 20mm 정도다.

참다래 꽃썩음병균의 전염원인 죽은 과경지나 참다래 포장 내에 방치한 전정된 가지나 낙엽 등 식물체 잔존물을 수거해 소각하여 포장을 청결하게 유지한다.

참다래 꽃썩음병균과 참다래 궤양병균은 동일한 포장에 존재하므로 참다래 포장위생 관리는 참다래 꽃썩음병과 궤양병을 동시에 예방하는 효과를 거둘 수 있다.

약제 방제

우리나라에는 참다래 꽃썩음병 약제로 아그리마이신 수화제, 농용신-쿠퍼 수화제, 엠지스 수화제가 등록·고시되어 있다. 참다래 꽃썩음병을 방제하기 위한 아그리마이신 수화제와 농용신-쿠퍼 수화제의 최적 살포 횟수는 참다래 개화기인 5월 초부터 10일 간격으로 3회다.

참다래 신초눈을 비롯하여 주간, 주지, 가지 등 식물체에서도 참다래 꽃썩음병균이 월동하므로 월동기에 참다래 나무에 동수화제를 살포하여 전염원을 제거한다.

월동기에 참다래 나무에 동수화제를 살포하는 것은 꽃썩음병과 궤양병을 일으키는 병원세균의 전염원을 동시에 제거하는 효과를 거둘 수 있다. 그러나 동수화제를 잎이 나온 4월 중순 이후에 살포하면 잎에 약해를 주기 때문에 주의해야 한다.

일본에서는 6-6식 보르도액과 아그리마이신 수화제가 꽃썩음병 예방약제로 보고되었다.

▶ 과실무름병

– 발생 현황

참다래 과실무름병의 발병률

2000년 전남, 경남, 제주에서 수집한 참다래의 과실무름병(軟腐病, fruit rot) 평균발병률은 32.0%였다. 병에 걸린 과실 가운데 15.4%가 외부에만 병징을 나타냈고, 내부에만 병징을 나타내는 것은 68.4%였으며, 외부와 내부 모두 병징을 나타내는 것은 16.2%였다. 참다래 과실무름병의 발병률은 지역별로 차이가 있을 뿐만 아니라 농가별로 커다란 차이가 있었다.

참다래 주요 과실무름병균의 검출률

전남, 경남, 제주에서 수집한 참다래 가운데 과실무름병에 걸린 과실에서 주요 병원균의 평균검출률은 참다래 과숙썩음병균(*Botryosphaeria dothidea*) 83.3%, 참다래 꼭지썩음병균(*Diaporthe actinidiae*) 11.9%, 참다래 잿빛곰팡이병균(*Botrytis cinerea*) 1.4%였다.

그밖에 참다래 과숙썩음병균과 참다래 꼭지썩음병균이 동시에 검출되는 경우가 0.9%였으며, 나머지 2.5% 과실에서 기타 병원균(*Collectotrichum* sp., *Penicillium* sp., *Fusarium* sp., *Pestalotiopsis* sp.)이 드물게 검출되었다. 따라서 참다래 과실무름병을 일으키는 주요 병원균은 참다래 과숙썩음병균과 참다래 꼭지썩음병균으로 밝혀졌다.

– 병징과 진단

과숙썩음병

참다래 과숙썩음병(ripe rot)은 참다래를 수확하고 저장기간을 거친 다음 유통과정이나 소비를 위한 후숙 과정에서 주로 발생한다. 참다래 과숙썩음병은 과실 표면에 외부 병징이 종종 나타나지 않거나 병든 부위가 손가락으로 누른 자국처럼 움푹 파인 증상을 나타낸다.

움푹 파인 병든 부위의 표피를 벗기면 수침상, 진한 녹색으로 과육이 변색되는 전형적인 내부 병징을 관찰할 수 있다. 과실이 후숙됨에 따라 진한 녹색 가장자리 안에 나이테처럼 동심윤문을 이루며, 중심부는 갈색으로 변하고, 주변부는 유백색을 띠면서 과육이 물컹 썩어 들어간다.

▲ 참다래 과숙썩음병의 외부 병징과 내부 병징

꼭지썩음병

참다래 꼭지썩음병(stem-end rot)은 과숙썩음병처럼 수확한 참다래의 저장, 유통, 소비과정에서 발생한다. 참다래 꼭지썩음병의 무름 증상은 과실의 줄기 꼭지에 주로 발생하고 배꼽에는 잘 발생하지 않는다. 참다래 꼭지썩음병은 과피와 과육이 무름 증상을 보이면서 썩어 들어가고 과피 표면에

▲ 참다래 꼭지썩음병의 외부 병징과 내부 병징

흰색 곰팡이 균사가 나타난다.

병든 부위는 주변부보다 옅은 갈색을 띠고 변환부에서 즙액이 흘러나와 건전한 과실 표피를 물들인다. 병환부의 표피를 벗기면 수침상, 연한 녹색을 띠는 과육 조직은 무르면서 붕괴되어 크고 작은 균열을 일으킨다. 썩은 과실은 후숙된 건전 과실보다 훨씬 부드러우며 쓴맛이 나고, 심하게 썩은 과실은 시큼하게 발효된 냄새를 풍긴다.

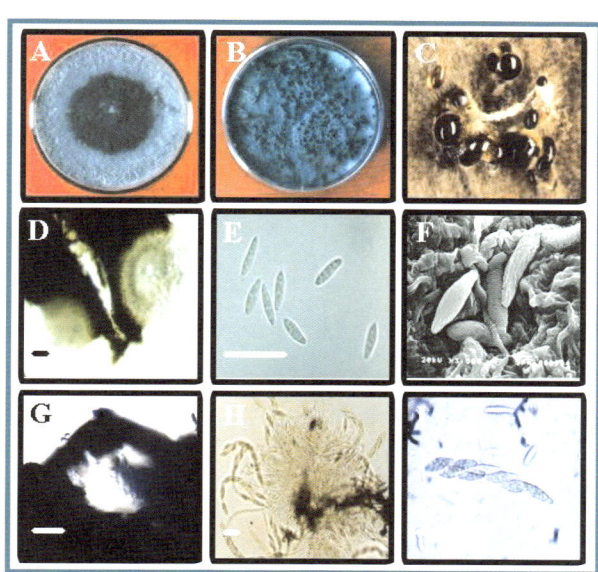

▲ 참다래 과숙썩음병균

- 병원균

과숙썩음병균

자낭균류에 속하는 참다래 과숙썩음병균은 감자한천배

지에서 흰색 균총을 형성하며 배양기간이 경과하면 중심부부터 검게 변하면서 전체적으로 검은색 균총을 형성한다. 4주 이상 배양하면 균총 위에 130×260㎛ 크기의 검고 구형인 분생포자각을 형성한다.

분생포자는 단세포로 무색투명한 방추형이며, 크기는 5~7.6×20~30㎛이다. 자낭자좌에 지름 200~250㎛ 크기의 검은 구형의 위자낭각이 형성된다. 위자낭각에서 방출된 자낭은 긴 곤봉형으로 이중막이며 크기는 12.5~22.5×127.5~200㎛이다.

자낭 안에 8개씩 있는 자낭포자는 단세포로 무색투명한 계란형이며, 크기는 7.5~12.5×27.5~37.5㎛이다. 참다래 과숙썩음병균은 사과와 배에도 병원성을 나타낸다.

꼭지썩음병균

자낭균류에 속하는 참다래 꼭지썩음병균은 감자한천배지에서 순백색을 띠는 많은 기중균사층을 형성하고, 시간이 지나면 일정한 간격으로 겹둥근 무늬를 형성한다. 검은 구형 또는 둥근 삼각형 모양으로 230×500㎛ 크기의 분생포자각과 균사층 도처에 α-분생포자와 β-분생포자를 형성한다.

α-분생포자는 단세포로 무색투명한 방추형이며, 크기는 1.6~2.6×4.3~7.5㎛이다. β-분생포자는 단세포로 무

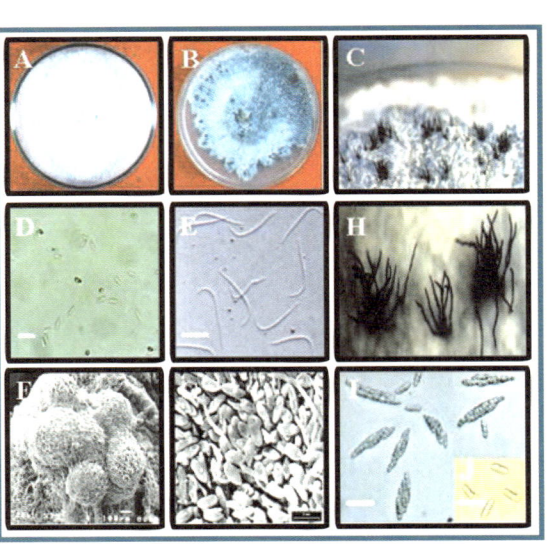

▲ 참다래 꼭지썩음병균

색투명하고, 선형에서 낚시바늘 모양으로, 크기는 $0.8 \sim 1.5 \times 18.2 \sim 37.5 \mu m$ 이다. 실온에서 8주 이상 배양한 배지에서 특이하게 검고 돌출된 좌자 속에 수많은 자낭각이 형성된다.

$50 \sim 95 \times 550 \sim 840 \mu m$ 크기의 긴 선형 목을 가진 자낭각은 검은 구형이며 지름은 $200 \sim 500 \mu m$ 이다. 자낭은 곤봉형으로 꼬여 있고 크기는 $27.5 \sim 40.0 \times 7.5 \sim 12.0 \mu m$ 이다. 자낭포자는 무색투명하고 2-세포로 된 격벽부위가 잘록하며, 방추형에서 타원형으로, 크기는 $8.0 \sim 12.5 \times 2.5 \sim 3.0 \mu m$ 이다.

그러나 참다래 꼭지썩음병균은 완전세대를 잘 형성하지 않으며, 기주체에서는 자낭각뿐만 아니라 분생포자각도 생성하지 않는다. 따라서 참다래 꼭지썩음병균은 불완전세대(*Phomopsis* sp.)로 더 잘 알려진 곰팡이다.

이 곰팡이가 생성하는 β-분생포자는 퇴화된 형태의 무성포자이며, α-분생포자가 기주체의 침입, 감염에 관여한다. 참다래 꼭지썩음병균은 사과, 배, 매실에도 병원성을 나타낸다.

– 발생 생태

참다래의 주요 과실무름병균인 참다래 과숙썩음병균과 참다래 꼭지썩음병균은 참다래의 줄기, 가지, 죽은 과경지, 전정한 가지 등에서 월동한 분생포장에 의해 6~7월의 장마와 비에 과실로 전파되어 감염을 일으킨다.

보통 포장에서는 잠복감염을 일으키기 때문에 과실무름병 증상을 일으키지 않으며, 수확하고 나서 저장 후 유통, 판매, 소비하는 과정에 발생하여 피해를 일으킨다. 과실무름병은 참다래가 유통업자나 소비자에게 판매된 후에 발생하기 때문에 참다래 생산자는 재배기간에 포장에서 과실무름병 방제를 소홀히 하는 경향이 있다.

참다래 결실기인 6월 초순에서 7월 초순까지 한 달 사이에 과실무름병균을 접종하면 과실무름병을 100% 일으키고 낙과하는 과실도 생긴다. 그러나 7월 중순 이후 과실 성숙기에는 과실무름병 발병률이 급격하게 감소하고, 8월 중순 이후에는 감염이 일어나지 않는다.

참다래 과실무름병균은 감염된 과실의 과피 속에 잠복했다가 수확 후 과육이 후숙되어 물러지고 산 함량이 낮을 때 발병한다. 따라서 후숙 온도와 후숙 기간은 참다래 과실무름병 발병에 결정적인 영향을 미친다. 후숙 온도가 높으면 과육이 물러지고 과육의 산 함량 저하가 빨라져 병이 빠르게 진전된다.

그러나 참다래 과실은 후숙해야 당도가 증가하고 산도가 감소하여 생식이 가능하기 때문에 참다래 소비 과정에서 후숙은 필수적이다. 참다래 과실을 후숙할 때 고온일수록 후숙 기간을 단축할 수 있으나 과실무름병 발생이 증가하고, 과실의 맛도 변질되며, 지나친 고온에서는 과실이 발효되기 때문에 적정 후숙 온도 찾기가 대단히 중요하다.

참다래 과실을 후숙하기 위한 온도가 29℃까지 올라가면 후숙률과 과실무름병 발병률은 증가하였다. 그러나 32℃ 이상에서는 후숙률과 과실무름병 발병률이 오히려 감소하였다. 이는 32℃ 이상 고온에서는 과실들이 지나치게 후숙·발효되어 과실무름병 발병 유무를 확인할 수 없었기 때문으로 추정된다.

실제 참다래 과실이 고온에서 과도하게 후숙되어 발효되면 식용 가치를 상실하기 때문에 발효가 일어나지 않는 비교적 낮은 온도에서 후숙시켜야 한다.

낮은 온도에서도 후숙 기간이 길어지면 후숙이 일어났고, 동일한 후숙 온도에서는 후숙 기간이 길어지면 과실무름병 발병률도 증가하였다. 15일 동안 후숙했을 때 발효되지 않고 후숙되는 온도는 20~29℃, 후숙률은 20~63%였으며, 과실무름병 발병률은 1.8~35%였다. 그러나 20일 동안 후숙했을 때에는 발효되지 않고 후숙 온도는 11~29℃, 후숙률은 10~100%였으며, 과실무름병 발병률은 10~98%였다.

참다래 저장병의 발병률과 주요 저장병원균의 균사 생육 적온은 밀접한 관계가 있다. 참다래 주요 과실무름병균인 참다래 과숙썩음병균과 참다래 꼭지썩음병균이 11℃ 이상부터 왕성한 생육을 보이고 생육 적온 범위도 20~35℃였는데, 참다래 저장 중 과실무름병 발생도 11℃부터 시작하고 29℃ 전후에서 최대 발병률을 보이는 것이 이를 뒷받침한다. 따라서 참다래 주요 저장병원균의 생육 적온 범위를 피해서 후숙하는 것이 참다래 저장병을 피하는 방법이다.

따라서 15일 동안의 후숙 기간에서는 60% 정도 후숙률에 머물기 때문에 참다래 과실의 후숙에는 20일 정도의 후숙 기간이 소요된다. 17℃에서 20일 동안 후숙하면 후숙률은 100%이고 과실무름병 발병률은 17.5%였으므로, 참다래 과실을 17℃에서 20일 동안 후숙하는 것이 후숙률이 최대이고 과실무름병 발병률이 최소인 가장 이상적인 후숙 조건으로 추정된다.

참다래 과실의 후숙 온도가 낮아질수록 후숙 기간도 길어져 8℃에서는 99일이 지나서 후숙되기 시작하였으며, 0.5℃에서는 99일이 지나도 후숙되지 않았다. 참다래 과실은 수확 후 유통하기 전까지는 보통 0±1℃의 저온저장고에서 저장한다.

저온저장고에서 몇 달 동안 참다래 과실을 저장하는 근거는 저온에서는 후숙이 일어나지 않고 과실무름병 발생도 억제되기 때문이다.

참다래 과실무름병은 수확 후 가을부터 이듬해 봄까지 저장, 운송, 판매 중에 우리나라 전역에 걸쳐 발생하며 지역, 재배방법, 저장방법에 따라서 발병 정도가 다양하다.

장마철에 비가 많이 내리고 강우 일수가 많은 해에 심하게 발생하며, 수확 전부터 발병하고, 낙과가 많으며, 지난해의 과경지를 방치하거나 관리가 불량한 과수원에서는 유과기부터 병원균의 감염을 받아 심하게 발병한다. 특히 착과량이 많고 수령이 늙은 과수원이나 수확시기를 과도하게 앞당긴 과실에서 많이 발생한다.

– 방제

경종적 방제

과실무름병은 보통 참다래의 생육기부터 감염을 일으킬 수 있으므로 재배할 때에는 지난해의 과경지나 전정한 가지 등 전염원을 제거한다. 적절한 전정관리로 통풍과 투광에 유의하여 건전하게 생육하도록 재배 관리를 철저히 한다.

과실의 상처는 수량에 직접적으로 영향을 미치는데, 이 상처를 통하여 과실무름병균이 침입할 수도 있으며, 표면에 남은 상처의 흔적 등으로 상품가치가 떨어지기도 하기 때문에 과실에 상처가 생기지 않게 주의한다.

저장 후 출하 전에 적절한 후숙제 선택과 사용도 발병 감소에 중요한 요인으로 보고되었으므로, 후숙 온도가 20℃를 넘지 않게 하고 후숙 기간을 무리하게 단축하지 않는다.

심하게 감염된 열매의 무른 부위에서 흘러나온 즙액을 통하여 동일한 상자 또는 저장고 속의 다른 열매로 손쉽게 전염되므로 주기적으로 저장 상태를 점검해야 한다. 병원균은 습한 상태에서 감염과 전파가 쉽게 일어나므로 저장고와 저장상자의 통풍 등에도 유의해야 한다.

약제 방제

현재 우리나라에서 참다래 과실무름병 약제로 등록·고시된 베노밀 수화제와 지오판 수화제 외에 터부코나졸 수화제, 이프로 수화제, 후루실라졸 수화제도 참다래 과실무름병 방제 약제로 선발되었다.

참다래 과실무름병 방제를 위한 베노밀 수화제와 지오판 수화제의 적정 살포횟수는 6월 중순부터 10일 간격으로 5회 살포였다. 터부코나졸 수화제와 이프로 수화제는 모두 6월 중순부터 10일 간격으로 4회 살포했을 때에도 베노밀 수화제와 지오판 수화제를 10일 간격으로 5회 살포했을 때와 참다래 과실무름병 방제효과가 비슷했다.

후루실라졸 수화제는 6월 중순부터 10일 간격으로 5회 살포하면 베노밀 수화제와 지오판 수화제를 10일 간격으로 5회 살포했을 때와 비슷하거나 오히려 우수한 방제효과를 나타냈다.

따라서 참다래 과실무름병 방제를 위한 예방약제 최적 살포 시기와 횟수는 예방약제별로 달리 시행하되, 약제 저항성 균의 발생을 억제할 수 있게 터부코나졸 수화제, 이프로 수화제, 베노밀 수화제, 지오판 수화제, 후루실라졸 수화제를 6월 중순부터 10일 간격으로 번갈아 살포하는 것이 참다래 과실무름병 방제 최적 살포 프로그램이다.

약제는 전착제를 가용하여 잎, 가지뿐만 아니라 과실 표면에도 약액이 충분히 붙게 살포한다. 장기 기상예보에 가을장마가 예상될 때에는 위 약제를 8월 말~9월 초에 1회쯤 더 예방 살포하는 것이 좋다. 참다래 개화기에 별도의 약제 살포는 잿빛곰팡이병 방제를 겸할 수 있다.

▶ 잿빛곰팡이병

– 발생 생태

잿빛곰팡이병(gray mold)은 기주범위가 넓은 다범성 병해로서, 대부분의 과수, 채소, 화훼류에 발생하여 피해를 주는 병이다. 참다래에서는 꽃잎, 어린 열매, 잎, 저장 중인 과실에도 발생한다. 5월 말경 개화 후 꽃잎이 떨어지는 시기에 잿빛곰팡이병균은 먼저 시든 꽃잎에 감염을 일으키고, 어린 과실 표면의 털에 붙어 과실에도 감염을 일으킨다.

잿빛곰팡이병균은 6~7월경 비가 많이 오는 시기에 잎에 감염을 일으켜 담갈색의 나이테 모양으로 병반을 만들어 급속하게 확대된다. 전정이 잘 안 되었거나 일조가 불량한 상태의 덕 아래에 있는 잎에 발생하기 쉽다. 다습한 조건에서 잿빛곰팡이병에 감염된 잎에는 잿빛의 곰팡이 포자들을 볼 수 있고 피해가 심한 잎은 조기에 낙엽이 진다.

다른 병원균과는 달리 잿빛곰팡이병균은 수확 후 0~10℃에서 저온저장 중인 과실에서도 잿빛곰팡이병을 일으켜 과실을 부패시킨다.

따라서 저온저장고의 온도가 잘 조절되지 않으면 잿빛곰팡이병이 많이 발생해 피해가 크다. 과숙썩

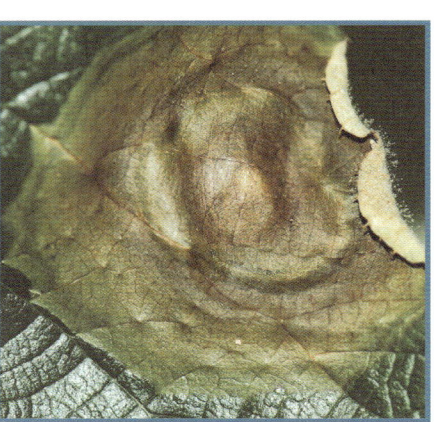

▲ 참다래 잿빛곰팡이병의 잎 병징

▲ 포장에서 발생한 참다래 잿빛곰팡이병의 꽃 병징(왼쪽)과 과실 병징(오른쪽)

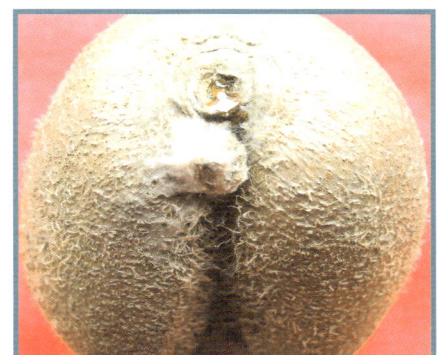 

▲ 저장 중 과실에서 발생한 참다래 잿빛곰팡이병의 외부 병징(왼쪽)과 내부 병징(오른쪽)

음병과 꼭지썩음병과는 달리 잿빛곰팡이병의 발생에 적합한 조건은 20℃ 전후의 선선한 기온과 다습함이다.

– 병징과 진단

참다래 개화 후 꽃잎이 떨어지는 시기에 시든 꽃잎에 잿빛의 곰팡이가 무수하게 형성되므로 쉽게 식별할 수 있다. 어린 과실 표면의 털이 감염되면 갈색으로 변하고 과실 표면에도 감염되면 상흔이 남는다. 6~7월경에 비가 많이 오는 시기에 잎에 담갈색의 나이테 모양으로 병반이 형성되고 습윤 상태가 지속되면 병반 위에 잿빛곰팡이가 다량 형성된다.

잿빛곰팡이병에 감염된 과실은 기형과가 되기도 하는데, 배꼽부위에 낙화되지 않고 달려 있는 꽃에는 잿빛의 곰팡이가 다량 형성되며, 과실 표면에도 잿빛의 균사와 포자가 형성된다. 과피를 벗겨보면 과육이 황갈색으로 변색되면서 무름증상을 나타내고, 병반의 가장자리는 짙은 녹색의 둥근 띠를 이룬다.

- 병원균

불완전균류에 속하는 참다래 잿빛곰팡이병균(Botrytis cinerea)은 0℃에서도 40일간 감자한천배지에서 배양하면 균총 지름이 9cm까지 자랄 만큼 느리지만 계속 생장하기 때문에 참다래 과실을 0~1℃로 저온에서 오랜 기

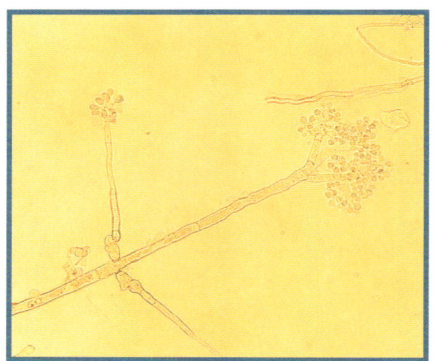 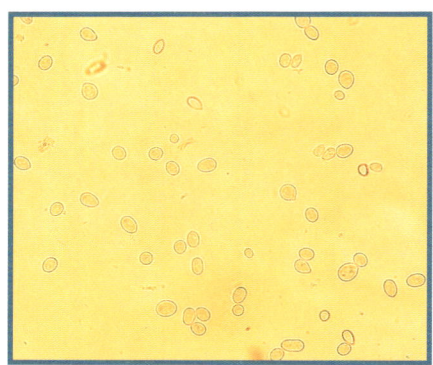

▲ 참다래 잿빛곰팡이병균의 분생포자경(왼쪽)과 분생포자(오른쪽)

간 저장하는 경우에도 발생하여 과실을 부패시킬 수 있다.

참다래 잿빛곰팡이병균은 감자한천배지에서 일주일쯤 배양하면 흰색의 균사가 자라다가 점차 기중균사에서 잿빛의 분생포자가 다량으로 형성되기 때문에 균총의 색깔이 잿빛으로 변한다. 시간이 많이 경과하면 균총에 검은색의 균핵이 다량으로 형성된다. 나뭇가지 모양으로 분지된 분생포자경에 계란형 분생포자가 형성되며 분생포자의 크기는 $8.0\sim13.5\times6\sim8.2$ ㎛이다.

참다래 잿빛곰팡이병균은 병들어 지표면에 떨어진 꽃잎, 잎, 가지, 열매 등과 같은 유기물이나 토양 속에서 균사 또는 균핵의 형태로 월동하며 바람, 빗물 같은 수단에 의해 포자가 식물체로 전파된다.

참다래 잿빛곰팡이병균은 주로 상처를 통해서 식물체에 침입한다. 참다래 잿빛곰팡이병균의 생장, 포자형성, 포자비산, 발아 그리고 침입을 위한 최적조건은 18~23℃ 정도의 선선한 기온과 다습함이다.

– 방제

경종적 방제

적절한 전정관리로 통풍과 투광에 유의하여 건전하게 생육할 수 있게 재배관리를 철저히 한다. 과실의 상처를 통하여 잿빛곰팡이병균이 2차 감염을 일으킬 수도 있으며, 표면에 남은 상처의 흔적 등으로 상품가치가 떨어지기도 하므로 과실에 상처가 생기지 않게 주의한다. 저장고의 온도관리를 철저히 하여 잿빛곰팡이병균의 증식을 최대한 억제한다.

심하게 감염된 열매의 무름 증상에서 흘러나온 즙액을 통하여 동일한 상자 또는 저장고 속의 다른 열매로 손쉽게 전염되므로 주기적으로 저장 상태를 점검해야 한다. 잿빛곰팡이병균은 습한 상태에서 감염과 전파가 쉽게 일어나므로 저장고와 저장상자의 통풍 등에도 유의해야 한다.

약제 방제

참다래 만개 직후에 베노밀 수화제, 지오판 수화제, 이프로 수화제 등을 살포하고 수확 7일 이전에 추가로 살포한다.

▶ 점무늬병

– 발생 현황

참다래 재배지에서는 6월부터 병이 발생한다. 그 후 참다래 점무늬병(斑點病, leaf spots)의 발병률은 서서히 증가하다가 8월에 접어들면서 급격하게 증가하여 수확기까지 지속된다. 참다래 점무늬병 발병률은 재배지역에 따라 차이가 있고, 비가림재배 포장에 비해 노지재배 포장에서 점무늬병의 발병률이 높았다.

한편, 참다래 잎에 발생하는 점무늬병의 병반유형은 다양하게 나타났다. 갈색잎마름(brown leaf blight), 회갈색둥근무늬(grayish brown ring spot), 은회색잎마름(silvering gray leaf blight), 암갈색둥근무늬(dark brown ring spot) 증상 네 가지 병반유형이 노지재배와 비가림재배 포장에서 모두 발견할 수 있는 가장 일반적인 병징이다.

그러나 각 병반유형별 점무늬병 발생 빈도는 노지재배와 비가림재배 포장에서 동일하지는 않았다.

– 병징과 병원균

참다래 점무늬병 병반에서 병원균을 분리한 결과 4종의 병원균(*Phomopsis* sp., *Glomerella cingulata*, *Alternaria alternata*, *Pestalotiopsis* sp.)이 발견되었다.

 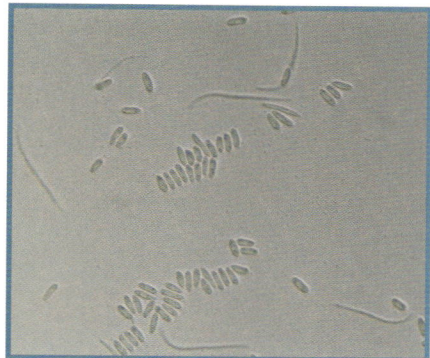

▲ 참다래 점무늬병균(*Phomopsis sp.*)에 의한 점무늬병의 병징(왼쪽)과 분생포자(오른쪽)

 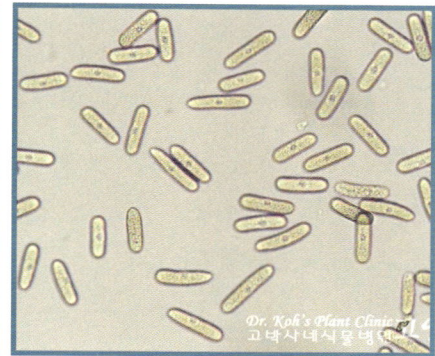

▲ 참다래 점무늬병균(*Glomerella cingulata*)에 의한 점무늬병의 병징(왼쪽)과 분생포자(오른쪽)

 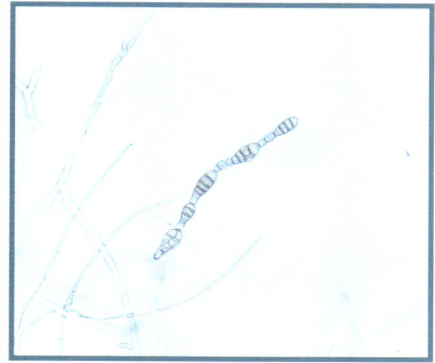

▲ 참다래 점무늬병균(*Alternaria alternata*)에 의한 점무늬병의 병징(왼쪽)과 분생포자(오른쪽)

 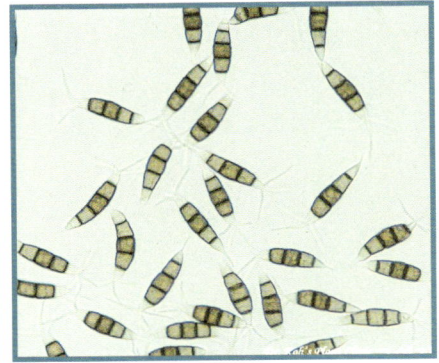

▲ 참다래 점무늬병균(*Pestalotiopsis* sp.)에 의한 점무늬병의 병징(왼쪽)과 분생포자(오른쪽)

– 방제

국내에서 각종 과수와 채소류에 발생하는 점무늬병 방제약제로 등록된 화학약제 중에서 베노밀 수화제(벤레이트)와 후루디옥소닐 액상수화제(사파이어)가 네 종류의 점무늬병균에 가장 우수한 억제효과가 있고 약해가 없으므로 참다래 점무늬병 방제약제 등록시험을 거쳐 참다래 점무늬병 방제약제로 활용되기를 기대한다.

▶ 세균성점무늬병

– 발생 생태

장마철에 다습하고 저온이 유지되면 갑작스럽게 잎에 점무늬가 형성되고 급속하게 확산된다. 곰팡이에 의해 발생하는 점무늬병들과는 달리 엽육에 수침상의 모무늬가 생기는 것이 특징이다.

발병이 심해지면 잎이 오그라들고 조기에 낙엽이 진다. 피해가 심한 과수원에는 거의 모든 참다래 잎에 세균성점무늬병(細菌性斑點病, bacterial leaf spot) 병반이 형성되는 것을 볼 수 있다.

– 병징과 병원균

감염초기에 참다래 잎의 엽육세포들이 갈색으로 변색되어 수침상 모무늬가 생긴다. 심해지면 잎이 오그라들고 조기낙엽이 진다. 비가 내리거나 습윤한 상태에서는 병반 뒷면에 붉은색 세균유출액이 관찰되기도 한다. 피해가 심한 과수원에서는 거의 모든 참다래 잎에 세균성점무늬병 병반이 형성된다.

참다래 세균성점무늬병균(*Pseudomonas* sp.)은 원핵생물에 속하는 단세포 세균으로 참다래 꽃썩음병균, 참다래 궤양병균과 속은 같지만 종이 다른 병원세균으로 추정된다.

▲ 참다래 세균성점무늬병의 여러 가지 병징

▲ 참다래 세균성점무늬병의 전형적인 병징

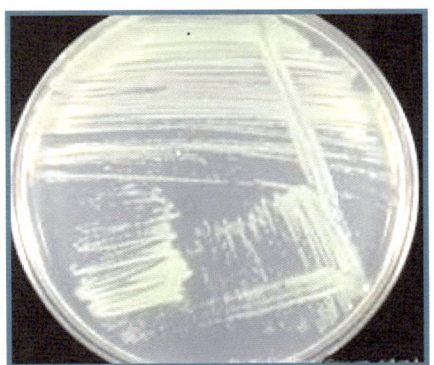

▲ 참다래 세균성점무늬병균의 균총(왼쪽)과 전자현미경 사진(오른쪽)

– 방제

옥솔린산(옥쏘리닉에시드) 수화제를 장마철 발병 초기에 10일 간격으로 2회 이상 분무 살포한다. 옥솔린산 수화제는 참다래에 등록된 약제는 아니지만 직접 참다래에 살포한 결과 약해는 없었으며 다른 항생제보다 우수하였다.

▶ 역병

- 발생 생태

역병(疫病, Phytophthora root rot)은 저습지와 배수 불량지에서 많이 발생한다. 특히 논에 참다래를 심으면 장마철이 지나면서 많이 발생한다. 전

▲ 참다래 역병의 지상부 병징(위)과 지하부 병징(아래)

남 고흥과 보성의 일부 농가에서는 역병 발생률이 50%를 넘어 폐원하기도 했다. 5년생 이하 어린 나무가 역병에 대하여 감수성이다.

– 병징과 진단

기온이 급상승하는 초여름에 참다래 뿌리와 땅가 부위 줄기가 침해받아 식물체 전체가 시들고 말라죽는다. 땅가를 파보면 표피가 갈색으로 변색되어 고사하는 것을 쉽게 식별할 수 있다. 뿌리가 깊이 내린 토양을 파보면 병든 뿌리 표면에 흰색 균사체가 왕성하게 자란 모습을 관찰할 수 있다.

– 병원균

난균류에 속하는 참다래 역병균(*Phytophthora drechsleri*)은 최근까지도 곰팡이의 한 종류로 분류되었으나 지금은 색조류계로 분류하고 있다. 참다래 역병균은 감자한천배지에서 기중균사를 형성하며, 흰색의 꽃무늬 균총을 형성하고, 다량의 팽윤균사를 형성한다.

참다래 역병균의 최적생장온도는 26~18℃로 유주자낭은 비돌출형, 탈락성이 없고 계란형, 서양배형, 둥근 타원형, 장타원형으로 물속에서만 형성되며 크기는 62.3×32.2㎛이다. 유성생식형은 자웅이주균으로 A1과 A2

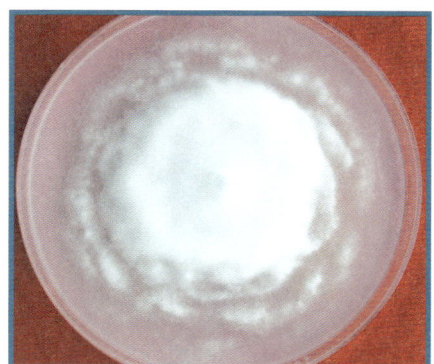 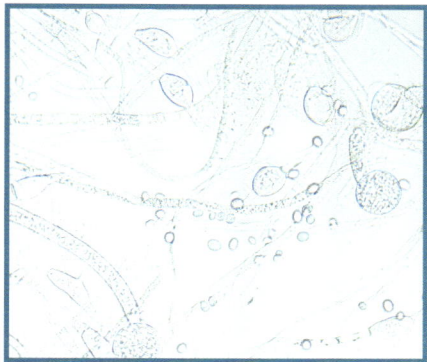

▲ 참다래 역병균의 균총(왼쪽)과 유주포자낭(오른쪽)

가 전국적으로 분포하며 장난기 표면은 매끈하고 크기는 29.0×33.4㎛, 난포자는 충만형으로 24.0×28.5㎛, 장정기는 구형으로 후벽포자는 형성하지 않는다.

– 방제

경종적 방제

병원균의 은신처와 월동처를 제거하기 위해 식물체의 잔재물을 깨끗이 치우고 불에 태워 포장위생을 깨끗하게 한다.

약제 방제

메틸브로마이드, 클로로피크린 같은 토양소독제로 토양을 소독한다. 참다래 역병 방제약제로 등록된 약제는 없으므로 구리(Cu)를 함유한 동제, 만코제브 수화제 등 다른 과수에 발생하는 역병 방제용 약제를 살포한다.

▶ 갈색고약병

– 발생 생태

갈색고약병(褐色膏藥病, brown felt)은 습하거나 가지가 밀생하여 통풍과 투광이 잘 안 되는 가지부위에 주로 발생한다. 수목의 잎, 가지에 붙어서 즙액을 빨아먹는 흡즙성 해충인 깍지벌레에 의해 발생이 조장된다.

– 병징과 병원균

가지 표피에 갈색고약병이 발생한 부위의 균총은 갈색 비로도 같고 가장자리는 엷은 회백색을 띤다. 담자균류에 속하는 참다래 갈색고약병균(*Septobasidium tanakae*)은 뽕나물깍지벌레의 분비물에 붙어서 발육하고 전염된다.

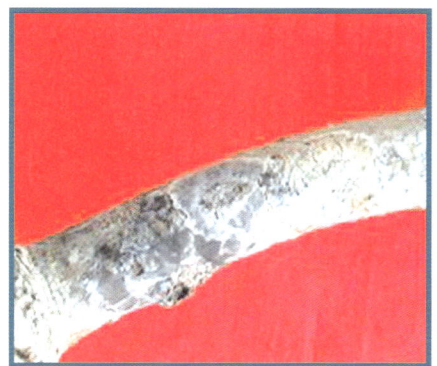 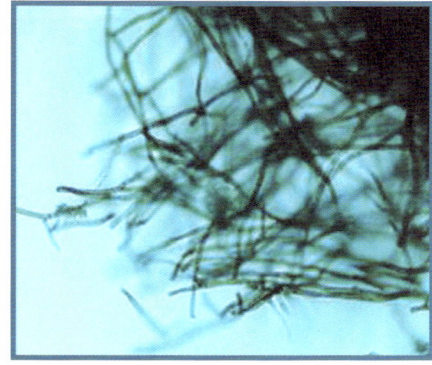

▲ 갈색고약병에 감염된 참다래 가지 병반(왼쪽)과 균사(오른쪽)

- 방제

경종적 방제

참다래 가지 표피에 있는 갈색고약병 균체를 칼로 긁어 제거하고 갈색고약병이 심하게 발생한 가지를 제거하며 수간과 가지의 통풍을 양호하게 해준다.

화학적 방제

메티온 유제(40%), 메카밤 유제, 디메로 유제를 살포하고, 동절기에는 기계유를 바른다. 발병부위를 긁어내고 석회황합제 또는 20배의 석회유탁제를 바르거나 콜타르를 바른다.

생물적 방제

천적인 무당벌레류, 풀잠자리를 이용하여 깍지벌레를 방제한다.

▶ 흰가루병

- 발생 생태

참다래 재배지에서 장마철 무렵부터 잎 뒷면에 흰가루병(白粉病, powdery mildew)이 발생하고 생육 후기에 이를수록 심해진다. 흰가루병은 다습한 조건에서도 발생하여 피해를 주지만 건조한 온난조건에서 흔히 발생하고 피해도 심하다.

특히 시설하우스 내부에서는 공기 중의 상대습도가 높으면 식물체 표면에 수막이 형성되지 않아도 흰가루병균의 포자가 방출되고 발아하여 감염될 수 있다. 일단 감염이 시작되면 대기습도에 관계없이 식물 표면에서 계속 퍼져나간다.

- 병징과 병원균

참다래 잎 뒷면에 둥근 무늬를 이루면서 흰색 밀가루처럼 곰팡이가 묻어 있는 증상을 나타낸다. 흰가루병균은 절대기생체로 인공배지에서는 배양할 수 없고 살아 있는 식물체에서만 영양을 빼앗아 살아간다.

흰가루병균은 잎 뒷면에 흰색의

▲ 참다래 흰가루병에 감염된 잎 뒷면 병징

균사를 형성하는데, 이 균사는 표피세포 속에 구형의 흡기를 뻗어 영양을 섭취한다.

따라서 흰가루병에 감염된 참다래 잎도 외관상 건전하게 보이지만 광합성으로 생성되는 영양분이 흰가루병균에 의해 꾸준하게 소모되므로 나무 생육을 방해하고 생육 후기에 참다래 과실의 비대에 지장을 초래하여 피해를 주게 된다.

– 방제

경종적 방제
겨울철 전정 후에 전정 가지와 함께 병든 낙엽을 수거하여 불태워 전염원을 제거한다.

화학적 방제
참다래 흰가루병 방제약제는 등록되지 않았으므로 다른 과수에 등록된 흰가루병 방제약제를 사용하여 방제한다.

▶ 수지병

– 발생 생태

수지병(樹脂病, gummosis)은 참다래 재배지에서 3~5년생 참다래 나무에 흔히 발생하는데 주간부에서 주지로 분지되는 부위나 주지에서 2차지로 분지되는 부위에 많이 발생한다. 수지병이 발생한 주지나 가지는 봄에 신초가 생기지 않고, 정상적으로 수분이 이루어진 과실들도 생육 후기에 발육되지 않은 채 남아 있으며, 심한 경우에는 수분 공급이 불량해져 잎이 시들고 가지 전체가 시들어 나중에 나무 전체가 말라죽는다.

– 병징과 병원균

참다래 나무의 주간부에서 주지로 분지되는 부위 또는 주지에서 2차지로 분지되는 부위가 이상비대 현상으로 부풀어오르고 부풀어오른 부위 표면에는 갈색 수지가 흘러내린다. 부풀어오른 부위 표면에는 세로로 균열이 생기기도 하고, 병든 조직은 건전한 조직에 비하여 연약하기 때문에 쉽게 부러지며 부러진 조직 내부는 목질부가 검게 변색된다.

참다래의 병든 부위조직에서 불완전균류에 속하는 곰팡이인 수지병균(*Phomopsis* sp.)이 분리·동정되었다. 참다래 수지병균은 참다래 꼭지썩음병균의 불완전세대와 균학적 특징이 거의 일치하기 때문에 동일한 곰팡이로 추정된다.

참다래 꼭지썩음병균은 완전세대를 잘 형성하지 않으며 기주체에서는

▲ 참다래 수지병의 여러 가지 병징

자낭각뿐만 아니라 분생포자각도 생성하지 않아 불완전세대로 더 잘 알려진 곰팡이다.

– 방제

참다래 수지병균(*Phomopsis* sp.)은 수세가 약한 나무에서 전정 등으로 생긴 상처부위를 통하여 침입하므로, 수세를 강하게 유지하여 병원균 침입을 사전에 봉쇄하는 것이 필요하다.

수지병이 발생한 가지는 발병 즉시 전정하여 제거하고 전정부위는 톱신페스트 같은 도포제를 처리하여 상처를 통한 2차 감염을 예방한다.

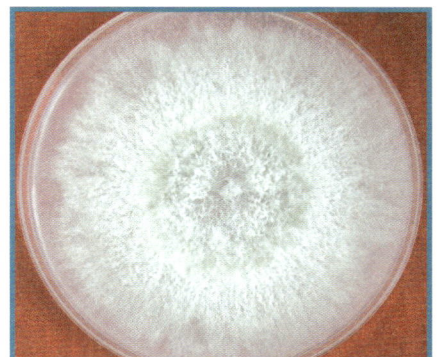 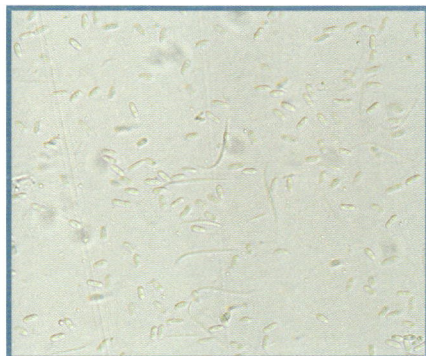

▲ 참다래 수지병균의 균총(왼쪽)과 분생포자(오른쪽)

▶ 뿌리혹병

─ 발생 생태

뿌리혹병(根頭癌腫病, crown gall)은 여러 가지 과수에 발생하는 다범성 병해 가운데 하나다. 병원균은 토양에서 수년간 생존할 수 있다. 뿌리에 상처가 있으면 쉽게 침입한다. 접목한 부위에 주로 발생하는데 접목부위나 상처가 유합이 불완전할 때 자주 발생한다.

뿌리혹병이 발생하면 뿌리의 흡수 능력이 저해되어 토양에서 양분을 흡수하지 못하게 되면서 생육이 불량해지고, 잎이 황색으로 변색되며, 신초의 생육이 나빠지다 피해가 심해지면 나무가 고사하기도 한다.

─ 병징과 병원균

묘목의 접목부위를 절단해보면 혹을 관찰할 수 있다. 발생초기에 혹은 회백색에서 황백색이며 비대해지고 목질화하면서 암갈색으로 된다. 참다래 뿌리와 땅가 부위 줄기가 침해받아 식물체가 쇠약해진다.

참다래 뿌리혹병균(*Agrobacterium tumefaciens*)은 원핵생물에 속하는 단세포 세균이다. 참다래 뿌리혹병균은 막대 모양의 세균세포 주위에 편모라는 운동성 기관이 여러 개 있어 물속에서 헤엄쳐 이동할 수 있다.

토양에서 서식하면서 참다래 뿌리나 접목부위에 있는 상처를 통하여 침입한다. 병원세균은 참다래 세포간극에 존재하면서 주위 세포들이 빨리 분열하도록 자극하여 혹을 만들게 한다.

– 방제

경종적 방제

참다래 뿌리혹병균은 감염된 토양에서 월동하며, 이 토양에서 몇 년 동안 살 수 있으므로 은신처와 월동처를 제거하기 위해 식물체의 잔재물을 깨끗이 치우고 불에 태워 포장위생을 깨끗하게 한다. 또한 무병지에서 생산한 건전 묘목을 식재한다.

약제 방제

메틸브로마이드, 클로로피크린과 같은 토양소독제를 사용하여 토양을 소독한다. 묘목을 스트렙토마이신 액제에 20분 동안 침지한 후에 정식한다. 혹을 완전하게 도려낸 후 짙은 보르도액이나 석회유를 도포하여 소독한다.

▶ 흰날개무늬병

– 발생 생태

흰날개무늬병(白紋羽病, white root rot)은 수세가 쇠약하여 발근력이 나쁘고, 건조하거나 배수가 불량하거나 착과량이 많거나 강전정을 하여 수세가 약해지면 발병한다. 다른 작물을 재배했을 때 흰날개무늬병이 발생한 적이 있는 과수원이나 잡목지대를 개간하여 조성한 과수원에서 흰날개무늬병이 많이 발생한다.

– 병징과 병원균

참다래 뿌리와 땅가 부위 줄기가 침해받아 식물체가 쇠약해진다. 땅가 부위 토양에는 흰색이나 회백색 균사가 무성하게 자란다. 감염된 나무의 뿌리 표면에도 흰색이나 회백색 균사가 비단처럼 무성하게 자란다.

흰날개무늬병에 감염된 나무는 봄에 싹이 늦게 발아하고, 가지의 신장이 불량하며, 이상착화를 일으키거나 잎이 황백색으로 변색되고, 조기낙엽을 일으켜 나무 전체가 쇠약해지고 심지어 죽는다.

담자균류에 속하는 참다래 흰날개무늬병균(*Rosellinia necatrix*)은 현미경으로 관찰해보면 균사의 격벽부가 혹처럼 팽대해져 있어 쉽게 식별할 수 있다. 참다래 흰날개무늬병균은 과수 외에도 많은 수목에도 감염을 일으키는 기주범위가 대단히 넓은 다범성 병원균으로 토양에 있는 미분해된 유기물이나 추비, 썩은 뿌리 등에서 쉽게 증식한다.

– 방제

경종적 방제

병원균의 은신처와 월동처를 제거하기 위해 식물체의 잔재물을 깨끗이 치우고 불에 태워 포장위생을 깨끗하게 한다.

약제 방제

메틸브로마이드, 클로로피크린과 같은 토양소독제로 토양을 소독한다. 묘목을 톱신엠 500배액이나 벤레이트 1,000배액에 10~30분 동안 침지시킨 후 정식한다. 감염된 나무를 파내어 병든 뿌리를 제거하고 톱신엠 500배액이나 벤레이트 1,000배액 100L에 뿌리를 소독한 후에 소독액을 파낸 토양에 혼합처리하거나 후지왕 입제를 나무당 3~5kg을 토양에 혼합처리한다.

2장

제스프리 골드와 홍다래의 병해

▶ 궤양병

▲ 참다래 궤양병균에 의해 궤양병에 걸린 제스프리골드 나무

2007년 봄에 제주도 성산과 표선 일대에서 재배 중인 제스프리골드(Hort16A, 골드키위)에서 그린키위(헤이워드)의 궤양병 증상과 동일하게 병든 가지와 주간부위에서 붉은색이나 검붉은색으로 변한 세균 유출액이 흘러내리는 증상이 나타났다.

이러한 궤양병(潰瘍病, Pseudomonas canker) 증상이 나타나는 제스프리골드의 줄기에서 세균을 분리하여 동정한 결과 참다래 궤양병균과 동일한 세균이 분리·동정되었다.

참다래 궤양병균에 의해 발생하는 제스프리골드 궤양병의 예방과 치료법은 헤이워드 궤양병의 예방과 치료법에 준한다.

▶ 펙토박테리움궤양병

　2006, 2007년 제주도 성산과 표선 일대에서 재배 중인 제스프리골드에서 봄철에는 아무런 증상이 없던 나무가 7, 8월 고온기에 헤이워드에서 나타나는 궤양병 증상과 비슷한 세균유출액이 흘러내리고, 심하게 감염된 나무에서는 가지 또는 줄기가 말라죽고 심지어 나무 전체가 고사했다.

　이처럼 제스프리골드에 발생한 새로운 펙토박테리움궤양병(Pectobacteriumcanker)은 그린키위 궤양병처럼 급속하게 전염되는 특성이 있어서 일부 과수원에서는 전체 나무의 80%가 감염되어 피해가 심각했다.

　헤이워드에서는 겨울이 끝나는 2월 말이나 봄이 시작되는 3월 초부터 줄기나 가지에 있는 피목이나 상처부위 또는 균열된 부위에서 다양한 색깔의 세균유출액이 흘러내리는 궤양병 증상이 발생하지만 여름철 고온기가 되면서 궤양병 증상이 사라진다. 따라서 궤양병에 감염된 나무에서도 7, 8월 고온기부터 수확기까지는 궤양병 증상이 잠복상태에 있어 그 증상을 찾아볼 수 없다.

　그러나 제스프리골드에서 봄철에는 아무런 증상이 없던 나무가 7, 8월 고온기에 헤이워드에서 나타나는 궤양병 증상과 비슷한 세균유출액이 흘러내리고 심하게 감염된 나무에서는 가지 또는 줄기가 말라죽고 심지어 나무 전체가 고사한다.

　제스프리골드에서 관찰된 펙토박테리움궤양병의 증상은 헤이워드에 피해를 주는 참다래 궤양병균에 의해 발생하는 궤양병의 증상과 일치하였다.

▲ 펙토박테리움궤양병균에 의한 제스프리골드의 펙토박테리움궤양병 병징

그러나 궤양병에 걸린 헤이워드 잎에 나타나는 전형적인 연두색 달무리 (halo)에 둘러싸인 점무늬 증상이 제스프리골드 잎에서는 나타나지 않는 것이 펙토박테리움궤양병의 특징이다.

이러한 펙토박테리움궤양병 증상이 나타나는 제스프리골드의 줄기에서 세균을 분리하여 동정한 결과 참다래 궤양병균과는 전혀 다른 계통의 병원세균이 펙토박테리움궤양병균(Pectobacterium sp.)으로 분리·동정되었다.

제스프리골드 펙토박테리움궤양병균도 참다래 궤양병균처럼 짧은 막대기 모양이지만 크기는 훨씬 작아 0.5~0.8×1.5~3.0㎛에 불과하다. 한천배지에서 회백색 균총을 형성하는 무색 투명한 세균으로 염색하여야 관찰할 수 있는데, 그람염색을 하면 붉은색으로 염색되는 그람음성균에 속한다.

또 참다래 궤양병균과는 달리 펙토박테리움궤양병균은 몸통 주위에 편모가 2~8개 있어서 물속에서 헤엄치고 스스로 움직일 수 있으며, 비나 관개수에 의해 전반된다. 참다래 궤양병균은 다른 유사 세균에 비해 저온성 세균으로 12~18℃ 정도가 생장적온이며, 빙핵활성이 있어서 저온에 의해 참다래 줄기나 가지에 동해나 상해가 쉽게 일어나게 하고 발병도 촉진시킨다.

그러나 펙토박테리움궤양병균은 32~33℃에서 잘 자라고 건조에 약하며, 감수성 식물체 조직이 섞인 토양에서는 오랫동안 생존할 수 있다.

펙토박테리움궤양병균은 아직까지 헤이워드를 비롯한 다래나무 계통에서는 보고되지 않은 신종으로, 주로 채소류와 화훼류에 무름병을 일으키는 세균이다. 이 세균이 뉴질랜드에서 육성된 제스프리골드 묘목에서 유래하는지 또는 제주도에서 재배되는 다른 기주식물에서 유래하는지는 앞으로 밝혀야 중요한 과제다.

제스프리골드의 새로운 병의 발생 실태에 관한 연구는 본격적으로 수행되지 않아서 피해 현황을 파악할 수 없지만, 그린키위에서는 아직까지 펙토박테리움궤양병균에 의한 궤양병이 보고되지 않은 반면에 제스프리골드에서는 두 가지 형태의 궤양병이 모두 발생하는 것을 보면 제스프리골드에서 두 가지 형태의 궤양병에 의한 피해가 우려된다.

펙토박테리움궤양병균에 효과적인 방제약제를 선발하기 위하여 여러 가지 약제를 사용하여 배지에서 시험해본 결과 옥솔린산(옥쏘리닉에시드) 수화제가 가장 효과적이었다.

따라서 아직 실증적인 시험을 수행하지는 않았지만 헤이워드 궤양병 방제 연구 결과를 토대로 적용해보면 옥솔린산 수화제를 발병이 우려되는 포장에 6월 초중순부터 10일 간격으로 여러 차례 충분하게 분무살포하여 제스프리골드 펙토박테리움궤양병 발생을 예방하고, 발병 초기의 나무에는 수확 후부터 낙엽지기 전 또는 4~6월에 수간주입을 실시하여 치료한다. 수간주입 방법과 약량은 헤이워드 궤양병 치료방법에 준한다.

병든 나무를 전정할 때는 건전한 나무로 궤양병이 전염되지 않게 전정가위를 소독하고, 전정부위는 도포제(톱신 페스트)를 처리하며, 전정한 가지나 줄기는 모아 소각한다. 심하게 감염되어 죽은 나무는 뿌리째 뽑아 소각하고, 보식하기 전에 토양에도 약제를 여러 차례 처리하여 세균이 남지 않게 한다.

▶ 과숙썩음병

　헤이워드 재배 포장에서는 관찰되지 않고 헤이워드 과실을 수확한 후 저장, 유통, 판매, 소비 중인 후숙 과실에서만 발생하는 과숙썩음병(ripe rot)이 제스프리골드 재배 포장에서는 수확기에 접어들어 발생한다.
　제스프리골드 과실에서 과숙썩음병 증상은 헤이워드 과실에서 나타나는 증상처럼 움푹 파인 증상이 나타나고, 파인 부위의 표피를 벗기면 원형의 무름 증상이 나타난다. 수확기에 제스프리골드 포장에서 낙과된 과실에서 과숙썩음병이 대부분 관찰되었으며, 일부 과실은 착과된 상태에서도 병징을 관찰할 수 있었다.
　헤이워드 과실은 후숙되지 않은 상태에서는 산도가 높기 때문에 과숙썩음병균이 헤이워드 과실에 감염되었어도 생장, 증식, 발병을 일으키지 못하

▲ 제스프리골드의 과숙썩음병 병징

고 잠복감염 상태로 있다가 후숙 과정에서 산도가 낮아지고 당도가 높아지면 발병을 일으킨다.

그러나 제스프리골드 과실은 수확기에 포장에서도 당도가 높고 산도는 낮기 때문에 과숙썩음병균이 왕성하게 생장, 증식, 발병하는 것으로 추정된다. 제스프리골드 과숙썩음병은 포장에서부터 발생하므로 저장과 후숙 중에 발병률 증가는 쉽게 예상할 수 있다.

결국 제스프리골드에서 과숙썩음병 예방을 소홀히 하면 생산자는 물론 소비자에게도 피해를 줄 것이므로 예방을 철저하게 하려고 노력해야 한다.

제스프리골드 과숙썩음병균은 헤이워드 과숙썩음병균과 동일한 자낭균류에 속하는 곰팡이로 확인되었다. 따라서 제스프리골드 포장에서도 과숙썩음병균의 분생포자가 왕성하게 전파되고 감염을 일으키는 6, 7월에 걸쳐 주로 과실을 감염시킬 것으로 추정되므로 헤이워드 방제방법에 준하여 제스프리골드 과숙썩음병도 방제한다.

▶ 흰가루병

제스프리골드를 재배하는 일부 포장에서 잎 앞면에 연두색의 달무리(halo) 증상이 불규칙하게 나타나고, 잎 뒷면에는 흰색 가루처럼 곰팡이가 묻어 있는 증상이 여름부터 많이 나타난다.

가을에는 잎 뒷면 전체가 노랗게 변색되고, 흰색 곰팡이가 검은색으로 변색되어 군데군데 검게 작은 점들이 많이 모여 있는 증상을 나타낸다.

포장에 따라 차이가 있었지만 수확기 직전인 11월에 거의 모든 잎에 이러한 증상이 나타나 있을 만큼 감염이 심한 포장도 있었다.

제스프리골드 잎 뒷면에 곰팡이가 핀 부위를 현미경으로 자세히 관찰해 보면 병원균의 자낭구들을 관찰할 수 있는데, 제스프리골드 흰가루병균(*Phyllactinia* sp.)은 자낭균에 속하는 곰팡이다. 제스프리골드 흰가루병 방제법은 헤이워드 흰가루병 방제법에 준한다.

▲ 제스프리골드의 흰가루병 병징과 병원균

▶ 점무늬병

　제스프리골드 재배지에서 늦은 봄부터 기온이 상승함에 따라 점무늬병(斑點病, leaf spots)이 발생하고, 8월에 접어들면서 급격하게 증가하여 수확기까지 지속되었다. 일부 농가에서는 늦은 서리에 의해 피해를 입은 제스프리골드의 아래쪽 잎에서 점무늬병이 심하게 발생하는 경우도 있었다.

　제스프리골드 잎에 발생하는 점무늬병은 비가림재배 포장에 비해 노지재배 포장에서 발병률이 높았으며, 참다래에서처럼 병반유형은 다양하게 나타났다.

　제스프리골드 잎의 점무늬병 병반에서 병원균을 분리한 결과 참다래 점무늬병균(*Phomopsis* sp., *Glomerella cingulata*, *Alternaria alternata*, *Pestalotiopsis* sp.)과 동일한 곰팡이들이 분리되었다. 따라서 제스프리골드 점무늬병 방제도 참다래 점무늬병 방제법에 준하여 실시한다.

▲ 제스프리골드의 점무늬병 병징

▶ 세균성점무늬병

제스프리골드 재배지에서 장마철에 다습하고 저온이 유지되면 갑작스럽게 잎에 점무늬가 형성되고 급속하게 확산되는 세균성점무늬병(細菌性斑點病, bacterial leaf spot)이 발생한다. 참다래 점무늬병처럼 엽육에 수침상의 모무늬가 생기는 것이 특징이다. 발병이 심해지면 잎이 오그라들고 조기낙엽이 진다.

감염초기에 제스프리골드 잎의 엽육세포들이 갈색으로 변색되어 수침상 모무늬가 생긴다. 발병이 심해지면 잎이 오그라들고 조기낙엽이 진다. 비가 내리거나 습윤한 상태에서는 병반 뒷면에 붉은색 세균유출액이 관찰되기도 한다.

세균성점무늬병이 발생한 제스프리골드 잎에서 참다래 세균성점무늬병균과 동일한 병원세균이 분리되었다.

제스프리골드 세균성점무늬병 방제도 참다래 세균성점무늬병 방제법에 준하여 옥솔린산(옥쏘리닉에시드) 수화제를 장마철 발병 초기에 10일 간격으로 2회 이상 분무살포한다.

▲ 제스프리골드의 세균성점무늬병 병징

▶ 수지병

제스프리골드의 주간부에서 주지로 분지되는 부위가 이상비대 현상으로 부풀어오르고, 갈색으로 변색된 주간부위나 가지부위 표면에는 갈색 수지가 흘러내린다.

부풀어오른 병환부의 조직은 건전한 조직에 비하여 치밀하지 못하고 스펀지처럼 부풀어올라 연약하기 때문에 쉽게 부러지고 내부 조직을 관찰해 보면 목질부가 검게 변색되어 있다.

수지병(樹脂病, gummosis)이 발생한 주지나 가지에 달린 과실들은 생육 후기에 이르러도 발육이 잘 되지 않은 채 남아 있다. 심하면 수분 공급이 불량해져서 잎이 시들고 점차 가지 전체가 시들게 되며 나중에 나무 전체가 말라죽는다.

제스프리골드의 병든 부위 조직에서 참다래 수지병균과 동일한 병원균이 분리·동정되었다. 수지병균은 수세가 약한 나무에서 전정 등에 의해 생긴 상처부위를 통하여 침입하므로 수세를 강하게 유지함으로써 병원균의 침입을 사전에 봉쇄하는 것이 필요하다.

수지병이 발생한 가지는 발병 즉시 전정하여 제거하고, 전정부위는 톱신페스트 같은 도포제를 처리하여 상처를 통한 2차적인 감염을 예방한다.

▲ 제스프리골드의 수지병 병징

▶ 홍다래 역병

홍다래 역병(疫病, Phytophthora root rot)은 저습지와 배수가 불량한 홍다래 재배지에서 많이 발생된다. 참다래 역병처럼 기온이 급상승하는 초여름에 홍다래 뿌리와 땅가 부위 줄기가 침해받아 식물체 전체가 시들고 말라 죽는다.

땅가 부위를 파보면 표피가 갈색으로 변색되어 고사하는 것을 쉽게 식별할 수 있다.

홍다래 역병에 감염된 조직에서 참다래 역병균과 동일한 곰팡이가 분리되었다. 따라서 참다래 역병 방제법에 준하여 홍다래 역병도 방제한다.

▲ 홍다래의 역병 병징

3장

해충방제

▶ 열매꼭지나방(apple heliodinid)

학명: *Stathmopoda auriferella*
일명: キイロマイコガ

- 형태적 특징

참다래를 비롯해 복숭아, 사과, 포도, 감귤, 해바라기, 대추, 석류 등 과일에 주로 해를 주는 해충이다.

발육태별 형태는 알은 장타원형으로 유백색이며, 유충은 머리와 몸 전체가 흑갈색이다. 과일 표면에 가는 실을 내어 집을 만들고 다 자란 유충은 길이가 10mm 내외다. 과일 표면에 고치를 만들고 그 속에서 번데기가 되며 성충은 날개 편 길이가 12mm 정도로 등쪽에서 날개의 기부까지 황색 소형의 띠가 있다.

- 발생 생태

1년에 두 번 발생하는데 1화기 성충은 5월 하순~7월 중순, 2화기 성충은 8월 중순~9월 상순까지 발생하며 발생 최성기는 각각 6월 상중순, 8월 하순이다.

- 피해 증상

유충이 과일의 과정부나 과경부 표면에 백색의 실을 내어 집을 만들어 가해하며 보통 흠집을 약간 내지만 심하면 구멍을 뚫어 상품성을 떨어뜨린

▲ 열매꼭지나방의 성충

▲ 열매꼭지나방의 유충

▲ 열매꼭지나방의 피해: 거미줄

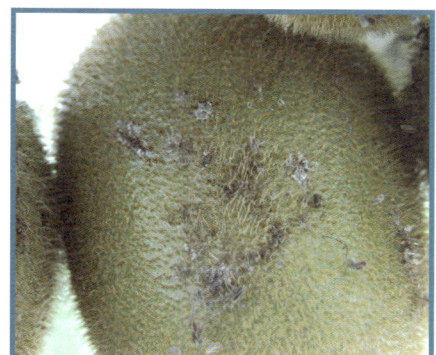
▲ 열매꼭지나방의 피해: 표면 상처

다. 유충이나 피해 증상은 눈으로 관찰할 수 있으며 7월 상순부터 과일에 피해 증상이 나타난다.

품종별 피해 정도는 국내에서 재배되는 품종 가운데 '대흥(*Actinidia deliciosa*)'이 피해가 가장 심하고, '골드계통(*A. chinensis*)', '헤이워드(*A. deliciosa*)' 순이다.

주요 재배품종인 헤이워드도 방제하지 않으면 피해과율이 25%에 달한다. 대흥품종이 헤이워드에 비해 피해가 많은 이유는 과일이 크고 털이 많으며 착과되는 위치가 서로 가까워 서식하는 데 유리하기 때문이다. 반면 털이 없는 자생다래(*A. arguta*) 품종에는 피해가 없다.

- 방제법

　열매꼭지나방은 열매가 중첩되는 부분을 많이 가해하므로 적과에 주의를 기울여야 한다.

　참다래에 등록되어 있는 약제로는 델타메트린유제와 카탑하이드로클로라이드 수용제가 있으며, 유충이 실을 내어 집을 짓지 않고 피해과가 나타나기 전인 6월 중하순에 살포하는 것이 효과적이다.

▶ 뽕나무깍지벌레(White peach scale, Mulberry scale)

학명: *Pseudaulacaspis pentagona Targionitozzetti*

일명: クワシロカイガラムシ

- 형태적 특징

복숭아 등 핵과류에 피해가 크나 최근에는 참다래에 피해가 매우 심해 방제가 필요한 해충이다. 참다래를 비롯해 복숭아, 매실, 살구, 앵두, 감나무, 배, 포도, 밤, 뽕나무 등을 가해한다.

성충은 길이가 암컷은 1mm 정도이고, 수컷은 0.9mm 정도다. 암컷은 원형에 가까운 타원형이고 등황색이며, 수컷은 등적색이다. 암컷의 깍지는 지름이 2mm 정도의 원형이지만 개체가 많이 중첩하여 기생할 때에는 크기와 모양이 다양하다.

깍지의 빛깔은 백색인데, 깍지는 조개껍질을 엎어놓은 모양으로 한쪽으로 약간 치우쳐서 높고 두껍다. 보통 1~2령 약충이 탈피한 껍질이 깍지표면에 붙어 있는 경우가 많다.

알은 길이가 0.2mm 크기로 쌀알 모양이며 매끈하고 광택이 있다. 처음에는 백색이고 부화하면 다리가 나오며 등황색으로 바뀌어 이동한다. 암컷 성충의 깍지 밑에서 부화한 1령 약충은 이동할 시기가 되면 암컷 깍지가 살짝 열려 이곳을 통해서 나무 전체로 분산한다.

약충은 이동하다 적당한 위치를 찾게 되면 고착생활을 시작하며 탈피를

▲ 뽕나무깍지벌레 암컷 깍지 ▲ 뽕나무깍지벌레 수컷 깍지

▲ 뽕나무깍지벌레 암컷 성충 ▲ 뽕나무깍지벌레 알

▲ 뽕나무깍지벌레 피해 ▲ 애홍점박이무당벌레

거듭하여 성충이 된다. 수컷은 깍지가 고치 모양이고, 짧은 타원형인데, 백색 솜털 같은 것으로 만들어졌다.

– 발생 생태

남부지방에서는 1년에 3회 발생하며 성숙한 암컷으로 월동한다. 보통 참다래에서 월동충의 생존율이 50% 정도이며, 나무껍질이 두꺼운 주간부에서 생존율이 높고 결과모지 등에서는 생존율이 낮다. 월동한 암컷은 5월 상순에 알을 낳으며 5월 중순에 부화한 뒤 이동해 6월 중순이면 부주지에서 새로운 깍지가 관찰된다.

제2회 발생은 암컷 성충이 7월 상순에 알을 낳고 7월 중순에 부화하여 결과모지 등으로 이동한다. 제3회 성충은 8월 하순에 알을 낳으며 9월 상순에 부화하여 잎이나 과일까지 이동하여 깍지를 형성한다. 산란수는 40~200개이며 알기간은 7~10일이다.

– 피해 증상

주로 줄기를 가해하지만 잎과 과일에도 기생하여 즙액을 빨아먹는다. 번식력이 왕성하여 다수가 기생하면 기주식물은 점차 쇠약해지며 심하면 말라죽는다. 참다래에서는 주로 작은 가지의 아래쪽에 기생하여 흡즙하며, 잎에서는 잎자루와 잎 뒷면 그리고 과일에 기생하여 흡즙하고 작은 상처를 남긴다.

성충은 암컷, 수컷 모두 육안으로 관찰이 가능하지만 약충이 이동하는 시기를 관찰하려면 보통 20배 정도의 돋보기를 이용해야 한다. 7월과 9월에 이동한 약충은 과일까지 이동하여 직접적인 피해뿐만 아니라 과일 표면을 오염시키는 피해를 준다.

모든 재배품종에 피해를 주며 '비단(*A. eriantha*)' 품종이 피해가 가장 심하고 골드계통, 헤이워드 순이다.

- 방제법

참다래 포장에서 육안으로 관찰이 가능한 천적은 애홍점박이무당벌레로, 약충이 이동하는 시기에 포식활동을 매우 활발히 한다. 화학적 방제로는 겨울전정을 끝내고 기계유유제를 2월 이전에 살포해야 하며, 생육기 방제적기는 깍지를 형성하기 전인 1령 약충기로 5월 중순, 7월 중순, 9월 상순이다. 참다래에 등록되어 있는 약제로는 아미트라즈·뷰프로페진유제, 아세타미프리드 수화제, 티아메톡삼입상 수화제가 있다.

시설재배의 경우 노지재배보다 더 많이 발생하므로 여름전정을 반드시 실시하여 투광이 잘 되도록 해야 하고, 묘목 단계에서 철저히 관리해야 한다.

▶ **당근뿌리혹선충(Root-knot nematode)**

학명: *Meloidogyne hapla* Chitwood
일명: ネコブセンチュウ

– 형태적 특징

참다래에서 주로 발생하는 뿌리혹선충은 당근뿌리혹선충으로 기주범위가 초본식물에서 목본식물에 이르기까지 대단히 넓다. 암컷은 체장이 419~845㎛로 목이 짧은 서양배 모양이며, 꼬리 끝과 항문 사이에 뚜렷한 점각부가 형성되어 있어 다른 뿌리혹선충과 구별된다. 수컷과 2기유충은 실 모양으로 체장이 수컷은 791~1,432㎛, 유충은 395~466㎛ 정도다.

뿌리혹선충이 뿌리에 침입하는 생육단계는 2기유충으로, 2기유충은 보통 근관(root cap) 바로 위의 뿌리에 침입한다. 2기유충은 대부분 아직 분화되지 않은 뿌리세포 사이로 이동하여 뿌리 중심주에 구침을 박고 가해한다.

식물세포에는 유충 머리 주변에 강렬한 세포 배가 일어나 거대세포가 된다. 거대세포와 혹이 형성되는 동안 유충의 폭은 증가하고 꼬리가 사라지며, 암컷으로 발달되는 경우 서양배 모양으로 점차 변한다.

유충은 대부분 암컷으로 발달하지만 먹이환경이 불량하면 수컷 비율이 높아지며, 뿌리혹을 탈출한다. 암컷은 성숙하면 뿌리혹 밖에 젤라틴을 분비하여 난랑을 만들고 그 안에 수백 개에서 천 개 이상의 알을 낳는다. 난랑에서 부화한 유충은 1기유충이며 한번 탈피하면 2기유충이 되어 또다시 인접한 뿌리에 침입한다.

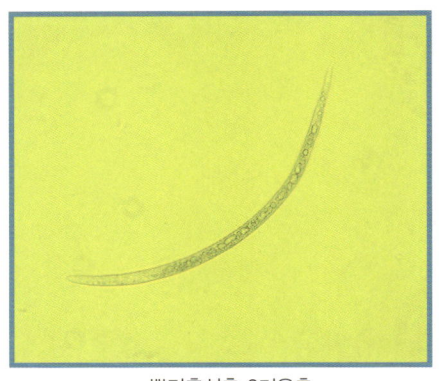
▲ 뿌리혹선충 2기유충

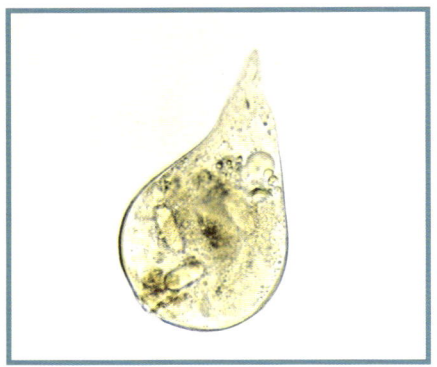
▲ 뿌리혹선충 암컷 성충

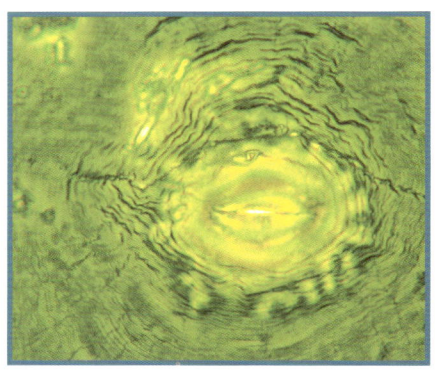
▲ 뿌리혹선충 암컷 미부

▲ 뿌리혹선충 피해

– 발생 생태

국내 참다래 재배지인 전남, 경남, 제주 전 지역에 걸쳐 발생하며 뿌리혹 내 충태는 2기유충에서 성충까지 혼재하며 연중 발생한다. 6월부터 9월까지 고온기에는 유충밀도가 다소 감소하지만 온도가 낮아지는 10월부터 이듬해 5월까지는 많은 경우 토양 300g당 1만 마리 이상으로 증가하기도 한다. 2기유충 발생 최성기는 3월 중하순과 12월 하순~1월 상순이다.

참다래 뿌리는 4월부터 발생하기 시작하는데 3월 중하순에 발생한 유충이 집중적으로 침입하고 늦가을 높은 밀도에는 하반기에 생장한 뿌리에 침입한다. 이때 침입하는 유충은 뿌리 하나에 여러 마리가 함께 침입하는 경우도 있다. 토양 내 뿌리혹선충의 수직분포는 표토에서 30cm까지 91%가 분포하고, 수평분포는 동, 서, 남쪽은 비슷하나 북쪽은 다소 낮은 경향이 있다.

- 피해 증상

뿌리혹선충의 피해 증상은 뿌리에 혹을 형성함으로써 물질수송을 방해하고 양분을 탈취하여 수세를 감소시키거나 뿌리를 썩게 만드는 등의 피해를 준다. 참다래에서는 일반적으로 신초생장이 불량하고 잎과 과일이 작아지며 심한 경우 착과되지 않는다.

참다래에서 방제가 필요한 유충밀도는 토양 300g당 3,000마리 이상(뿌리 1g당 뿌리혹이 70개 이상)이며, 10,000마리 이상(뿌리 1g당 뿌리혹이 100개 이상)에서는 현저한 생육저하를 보인다. 특히 20,000마리 이상에서는 착과되지 않는다.

피해정도	뿌리혹수(개/g)	유충수(마리)	수령(년)	간경(mm)	신초수(개)	신초장(cm)	신초경(mm)	엽장(cm)	엽폭(cm)	결과지경(mm)
심	111.9	13,733	6	46.2	5.3	160.0	11.17	12.2	12.8	7.27
다	74.1	6,256	9	71.7	13.3	226.7	11.9	14.2	15.6	8.6
중	31.8	1,090	12	84.97	18.3	310.0	14.37	14.5	15.6	8.9
소	1.4	73	6	64.1	16.7	343.3	14.7	15.4	16.2	9.47

*: 토양 300g당 유충수 **혹 무게: 0.32g/100혹

▲ 뿌리혹선충 발생밀도에 따른 참다래 수세

토양깊이 (cm)	유 충 수(마리)				계	비 율(%)
	동	서	남	북		
0~10	695	782	786	446	2,709	33.0
11~20	764	945	855	362	2,926	35.7
21~30	602	322	574	330	1,828	22.3
31~40	251	194	143	151	739	9.0
계	2,061	2,049	2,215	1,138	7,463	-
비율(%)	28.2	27.4	28.7	15.7	-	-

*: 토양 300g당 유충수

▲ 토양 깊이와 방위별 선충밀도

과 명	한국명	학 명	혹지수
비름과	쇠무릎	Achyranthes japonica(Miq.) Nakai	3[z]
십자화과	냉이	Capsella bursa-pastoris(L.) Medicus	1
콩과	자운영	Astrgalus sinicus L.	1
지치과	꽃마리	Trigonotis peduncularis Benth.	2
꿀풀과	광대나물	Lamium amplexicaule L.	1
현삼과	큰개불알풀	Veronica persica Poir.	1
국화과	큰방가지똥	Sonchus asper(L.) Hill	4
〃	조뱅이	Cephalonoplos segetum(Bunge) Kitamura	3
〃	보리뺑이	Youngia japonica(L.) DC.	4

*[2]: 1: 1~20%, 2: 21~40%, 3: 41~70%, 4: 71~99%, 5: 100%

▲ 뿌리혹선충에 기생된 월년생 잡초 종류와 혹지수

- 방제법

나무가 자주 시들고 왜화증상이 일어나면 뿌리를 파서 혹이 있는지 확인해야 한다. 참다래는 영년생 작물로 한번 감염되면 방제하기가 매우 어렵다. 따라서 어린 묘목시기부터 선충 침입을 방지해야 한다. 선충에 감염된 묘목은 폐기하거나 49°C 물에 5~10분간 침지하면 뿌리는 상하지 않고 그 안에 있는 선충은 죽게 된다. 묘목생산 포장에는 반드시 토양소독을 실시해야 한다.

정식 후에도 토양 300g당 3,000마리 이상에서는 반드시 방제가 필요하다. 약제 살포 시기는 수확 후 선충밀도가 증가하는 11월 상순이나 이듬해 3월 상순이 적기다. 그러나 11월 방제는 저온으로 약효가 다소 낮아지는 경향이 있다.

참다래에 등록되어 있는 선충방제 약제로는 포스치아제이트입제, 비펜트린·카두사포스입제, 카두사포스입제가 있다. 한편 큰방가지똥이나 보리뺑이 같은 선충이 선호하는 월년생 잡초를 2월 이전에 제거하면 뿌리혹선충 밀도를 낮출 수 있다.

▶ 기타 해충

– 박쥐나방

학명: *Endoclyta excrescens* BUTLER

일명: コウモリか

해충의 형태와 발생 생태

박쥐나방은 초본식물과 목본식물을 가해하는 해충으로 다식성이고 특히 수목과 과수에 피해가 크다. 최근 참다래에서도 산간이나 임야에 인접한 과원에서 피해가 발생한다. 성충은 길이가 34~45mm이고, 날개 편 길이가 100mm 정도의 암갈색 나방이다.

2년에 1회 발생하고 알로 월동하는 것으로 추측된다. 9~10월에 성충이

▲ 박쥐나방 피해 증상: 결과모지

▲ 박쥐나방 피해 증상: 부주지

우화하여 산란하며 이듬해 4~5월에 부화한 유충은 초본식물에 구멍을 뚫고 들어가서 가해하다가 참다래로 이동하여 피해를 준다.

피해 증상

산간이나 임야에 인접한 참다래 과원에 피해가 있다. 주로 부주지나 결과모지 등의 분지부위를 가해하며 처음에는 인피부를 고리 모양으로 먹고 똥은 실로 철하여 먹어 들어간 구멍 위를 덮어 놓는다. 이어 줄기의 중심부로 먹어 들어가며 위와 아래로 갱도를 뚫으면서 식해하므로 피해가 크다. 특히 분지부위가 피해를 받을 경우 바람이 불면 전체가 쉽게 부러지기도 한다.

방제법

일단 유충이 줄기나 가지 속에 들어가면 방제가 곤란하기 때문에 과원 내에 1차 기생식물인 초본류를 없애면 피해를 줄일 수 있다. 잔가지 피해가 확인되면 전정하여 소각하고, 큰 가지는 먹어 들어간 구멍에 접촉독이 있는 살충제를 주입한 뒤 봉한다.

－ 으름밤나방(akebia leaf-like moth)

학명: *Adris tyrannus amurensis* Staudinger

일명: アケビコノハ

유충은 산림의 잡초 등에서 생육하고 성충은 과수원에 날아와 피해를 준다. 참다래에는 9~10월에 피해를 주며 해를 입은 과일은 껍질을 벗겨보면 녹색이 없어지고 스폰지처럼 변한다. 과일이 해를 입게 되면 피해부위에서 에틸렌이 발생하여 결국 낙과된다.

참다래 시설재배의 경우 한번 침입하면 시설 밖으로 나가기가 쉽지 않아

▲ 으름밤나방 성충

▲ 무궁화밤나방 성충

지속적인 피해를 주는 경향이 있어 노지재배보다 피해가 크다.

방제법으로는 9월부터 저녁에는 시설의 측창을 닫아 해충 침입을 방지하고, 이미 침입한 경우에는 유살 트랩(막걸리 2L+흑설탕 100g+식초 100mL)을 나무에 매달아 유살한다. 이밖에도 주요 흡수나방으로는 무궁화밤나방(*Thyas juno* Dalman)이 있다.

– 풍뎅이류

성충이 참다래 잎이나 새순을 갉아먹어 피해를 준다. 피해를 받은 잎은 그물처럼 잎맥만 남고 심하면 낙엽이 되어 2차지 신장을 초래하기도 한다.

▲ 청동풍뎅이

▲ 콩풍뎅이

풍뎅이 피해는 노지 과수원에서 피해가 많으며, 유충기에 땅속에서 목초, 땅콩 등 농작물이나 잡초의 뿌리를 가해하다 성충이 된 뒤 과수 등 다양한 작물의 잎을 가해한다.

참다래를 가해하는 풍뎅이로는 청동풍뎅이, 콩풍뎅이, 애초록꽃무지 등있고 주로 여름에 발생한다. 약제를 살포하면 땅속으로 숨어드는 성질이 있어 방제효과를 판단하기 어렵다. 그러나 식독이나 기피효과가 있는 살충제를 살포하면 효과를 거둘 수 있다. 현재 참다래에 등록되어 있는 약제는 없다.

- 주머니나방

주로 잎을 가해하나 어린 유충은 꽃봉오리에 구멍을 뚫으며 과일을 핥듯이 가해한다. 겨울철에는 가지 껍질에도 가해하며 여러 마리가 붙어서 가해하면 나무에 돌기가 많이 생긴 것처럼 보이기도 한다. 현재는 많이 발생하지 않으나 산지 근처 과원에서는 돌발적으로 발생하기도 한다.

주머니나방은 1년에 1회 발생하여 유충태로 월동하고 다음 해 7월 중하순에 성충이 된다. 고깔 모양의 주머니에 나무껍질이나 털 등을 붙여 다니며, 암컷은 날개가 없어 주머니 안에 있고, 날개가 있는 수컷이 찾아와 교미한다. 교미한 암컷은 주머니 안에 산란하고 부화유충은 부근의 잎, 과일 등

▲ 주머니나방

▲ 주머니나방 피해

에 집단 가해한다.

동절기의 집단 가해는 1차적인 피해보다 병 발생을 조장하는 2차적인 피해가 우려된다. 방제법으로는 겨울철에 기계유유제 살포로도 상당한 방제효과를 거둘 수 있고, 생육기에는 피레스유제 등을 살포한다. 약제살포 후 주머니는 계속해서 나무에 매달려 있지만 죽은 개체는 충체가 주머니 밑으로 절반쯤 나와 있어 관찰할 수 있다.

▲ 명주달팽이

– 명주달팽이(Siebold's globular snail)
학명: *Acusta despecta Grey*
일명: ウスカワマイマイ

묘목 또는 2~3년생 나무에서는 잎이나 신초를 가해하며 성목에서는 꽃봉오리를 가해하거나 잎, 과일을 가해한다. 명주달팽이가 지나간 자리가 남아 과일 외관을 나쁘게 하고 과실무름병 등 곰팡이병 발생을 조장한다는 보고도 있다. 성충은 높이 20mm, 지름 25mm에 회황색 또는 회갈색으로, 오른쪽으로 5단 감겨 있고 입구 주변이 두껍다.

1년에 1회 발생하고 3월부터 활발히 활동하는데, 산성토양과 주변이 습한 과원에서 많이 발생한다. 방제법은 산성토양을 교정하고 통풍, 수광태세를 개선하며 많이 발생하는 과수원에서는 저녁때 종이박스를 군데군데 펴 놓아 뒷면에 모이면 아침에 제거한다.

– 참다래 애매미충(가칭)

5월부터 발생하며 발생 최성기는 9월이고 생육 후반기까지 발생한다. 크

▲ 애매미충 성충

▲ 애매미충 피해(헤이워드)

▲ 애매미충 피해(자생다래)

기는 체장이 3mm 내외로 매우 작고 전체적으로 녹색을 띠며 눈 주위가 흰색이다. 초록애매미충과 비슷하나 다른 종이며 현재 동정 중이다.

봄에는 밀도가 높지 않아 피해가 눈에 띄지 않지만 여름철 이후에는 많이 발생하여 수확기까지 피해를 준다. 특히 늦게 신장한 신초 위주로 피해를 입히고 피해를 받은 잎은 뒷면이 검게 변한다.

헤이워드 품종의 잎 표면은 광택이 없어지고 거칠어지며 엽맥간이 괴사한다. 심하면 기형이 되기도 하여 바이러스 매개 가능성이 높다. 자생다래 잎도 거칠어지며 표면이 하얗게 변한다.

과일에서는 피해가 확인되지 않았으며 품종별 피해 정도는 모든 품종에 피해를 주나 자생다래나 골드계통 품종에서 피해가 더 크다. 방제법은 봄부터 과수원 주변 잡초를 제거하여 초기 밀도를 낮추고 여름전정을 철저히 하여 나무가 과번무하지 않게 한다. 현재 약제등록시험 중이며 뽕나무깍지벌레에 등록되어 있는 아세타미프리드 수화제도 방제효과가 높다.

- 녹응애

잎과 과일을 가해하나 주로 과일을 가해하며 잎과 과일에 털이 없는 자생다래에서만 피해가 나타난다. 잎이 피해를 받으면 뒷면이 갈변되고 심하면 말리는데, 어린잎에서 많이 발생한다. 과일의 피해 증상은 처음에는 갈변되고 생육후반에는 탈색되어 회백색으로 보이기도 한다.

녹응애 피해과는 상품가치가 전혀 없는데, 바람에 의한 마찰 증상과 유사하므로 세심하게 관찰해야 한다. 크기는 0.1~0.2mm 내외로 매우 작아 육안 관찰이 불가능하고, 현미경이나 25배 이상 돋보기로만 관찰할 수 있다.

유충은 연한 노란색이지만 성충이 되면 주황색에 가깝다. 형태는 매우 특이해서 머리 부분은 넓고 굵으며 꼬리 부분은 가늘고 뾰족하여 긴 역삼각형 모양이다. 주로 6~7월에 심하게 발생하고 장마 이후에는 밀도가 낮다. 매우 민감하여 일반 농약에도 쉽게 방제된다.

▲ 녹응애

▲ 녹응애 피해(잎)

▲ 녹응애 피해(과일)

4장

생리장해

▶ 질소결핍증

 질소는 단백질 구성성분으로 양분의 흡수와 동화작용을 왕성하게 하고, 뿌리의 발육이나 줄기와 잎의 신장을 좋게 한다. 질소는 엽록소의 구성성분이므로 질소가 부족하면 발생하는 질소결핍증은 잎에 엽록소 함량이 낮아져 잎이 연녹색에서 황백색으로 변하고, 잎 가장자리가 갈색으로 변하며 아래 잎은 낙엽이 진다.

 질소가 결핍되면 초기 생육이 현저하게 떨어지고, 생육기간이 경과할수록 오래된 잎에서 시작하여 점차 위쪽 어린잎으로 결핍증이 확산된다.

 참다래 과수원의 적정 질소 시비량은 15kg/10a로, 기비 60%, 추비 각 20%씩을 2회 시용한다. 기비 시용시기는 2월 중순, 1차 추비 시용시기는 6월 중순, 2차 추비 시용시기는 9월 중순이다.

▲ 질소결핍증

▶ 인산결핍증

　인산은 식물체 내에서 에너지 대사작용에 관여하고 광범위한 화합물에 구조적으로 결합되어 있다. 인산은 식물체 내에서 쉽게 이행되는 원소이므로 인산결핍증은 오래된 잎에서 먼저 발생한다.

　인산결핍증은 초기에는 잘 발현되지 않다가 오래된 잎에서 주맥과 측맥 사이에 갈색 점무늬가 나타나고 시일이 경과한 뒤 하위엽 잎맥 사이가 자주색으로 변한다. 인산이 결핍되면 엽폭이 좁아지고 신초와 뿌리 생육도 약간 저해된다.

▲ 인산결핍증

▶ 칼륨결핍증

칼륨은 식물체 내에서 이동이 쉬운 원소로, 칼륨결핍증은 늙은 잎에서 일어나기 쉽다.

주맥과 측맥 부근에는 녹색이 남아 있지만, 잎 가장자리는 황화현상 또는 백화현상이 나타나며, 시간이 경과하면 갈색으로 변하고 위로 말린다. 엽맥 사이에 갈색 점무늬가 점점 확대되고 하위엽들은 일찍 말라죽으며 낙엽이 진다.

칼륨결핍증은 마그네슘결핍증, 망간결핍증과 유사한데, 칼륨은 식물체 내에서 이동성이 매우 크고, 칼륨 흡수가 낮을 때 다른 양이온 흡수가 증가된다.

칼륨이 결핍되면 과실의 생장이 불량해지므로 소과가 많이 발생한다. 토양 중에 마그네슘이 많이 함유되었을 경우 칼륨 흡수를 억제하여 칼륨결핍증이 발생하기도 한다.

건전한 잎에서 칼륨 함량은 1.8% 이상인 반면, 1.5% 이하가 되면 칼륨결핍증이 일어나기 쉽다.

▲ 칼륨결핍증

▶ 마그네슘결핍증

　마그네슘은 식물체에서 이동이 쉬운 원소로, 마그네슘결핍증은 중하위 엽에서 주로 발생한다. 잎 가장자리와 엽맥 사이에 황화가 시작되고 주맥과 측맥 사이에는 녹색이 남아 있다. 마그네슘결핍이 심하면 잎 전체에 황화현상이 나타나고 엽맥 사이가 갈색으로 변하며 괴저현상을 보이기도 한다. 칼륨결핍증, 망간결핍증과 유사하다.

　마그네슘결핍증은 수세약화로 뿌리의 동화양분 부족에 따른 흡수능력 저하와 토양의 과습에 따른 양수분 흡수능력 저하가 원인이다. 칼리질이 과다한 퇴비 시용이나 질소질과 칼리질을 일시에 다량 추비할 경우에도 마그네슘 성분과 길항작용하여 결핍이 일어나기 쉽다. 참다래의 건전한 잎에서 마그네슘 함량은 0.38% 정도인데, 결핍증상은 0.1% 이하일 때 나타난다.

▲ 마그네슘결핍증

▶ 칼슘결핍증

칼슘결핍증은 주로 신초의 완전히 전개된 잎에서 발생하고, 점차 위쪽의 어린잎에도 나타난다. 생육초기에는 엽장과 엽폭이 좁고, 생육후기에는 엽맥 사이에 약간 황백화현상을 보인다. 칼슘결핍이 심하면 엽맥 사이에 점무늬 형태의 갈색조직이 점점 확대된다. 잎 가장자리는 위·아래쪽으로 말리고, 시간이 경과하면 잎 가장자리가 갈색으로 변한다.

칼슘결핍증은 뿌리 발육을 불량하게 하여 참다래 생육을 저해한다. 참다래 과수원의 칼슘 부족 포장이 조사지역(해남, 보성, 고흥 농가포장) 중 평균 45% 이상이었다. 건전한 잎에서 칼슘의 농도는 3.0~4.0% 정도인데, 칼슘결핍증은 0.2% 이하일 때 나타난다.

▲ 칼슘결핍증

▶ 황결핍증

황결핍증은 주로 상위엽에서 나타나는데, 황결핍이 심하면 전체적으로 황화현상이 나타나며 마디 사이가 짧아진다. 질소결핍증상과 유사하여 구별하기가 쉽지 않지만, 잎 가장자리가 갈색으로 변하지 않는다.

황결핍으로 잎은 황백화되고 광합성 능력이 떨어져 생육이 억제된다. 건전한 잎에서 황의 적정 농도는 0.25~0.45%인데, 황 농도가 0.18% 이하이면 황결핍증이 나타난다.

황결핍증이 나타난 포장에는 유안, 황산칼리 등 황함유비료 0.2%를 일주일 간격으로 3회 엽면살포한다.

▲ 황결핍증

▶ 철결핍증

철결핍증은 주로 어린잎에서 발생하는데, 잎 가장자리 부근이 황화되며 심하면 백화현상을 나타낸다. 주맥과 측맥 부근에는 녹색을 보이고 생육이 저조해진다. 철은 식물체 내에서 다른 기관으로 쉽게 이동하지 않는다.

철은 수체 내에서 쉽게 이동되지 않아 철결핍증은 신초의 생장점에 발생하며 철 결핍이 심하면 신초 신장이 억제된다. 건전한 잎에서 철의 농도는 80~100㎍/g 정도이고, 완전히 전개된 잎의 철함량이 20㎍/g 이하가 되면 철결핍증이 나타나기 쉽다.

▲ 철결핍증

▶ 붕소결핍증

붕소결핍증이 오면 어린잎의 주맥 부근에 작고 불규칙한 점무늬가 점점 확대되어 황백화되고, 바이러스 증상과 유사한 기형의 잎이 되기 쉬우며, 신초 생장이 저해된다.

사질토나 유기물 함량이 낮은 토양에서 붕소결핍증이 일어나기 쉽다. 건전한 잎에서 붕소의 농도는 40~50㎍/g 정도이지만, 붕소 함량이 20㎍/g 이하가 될 때까지는 붕소결핍증이 나타나지 않는다.

붕소비료 0.2%의 수용액을 일주일 간격으로 2~3회 엽면살포한다. 석회를 사용하여 토양산도를 교정하고 유기물을 사용하여 보수력과 보비력을 향상시킨다.

▲ 붕소결핍증

▶ 망간결핍증

　망간결핍증은 주로 성숙한 잎에서 나타나기 쉽지만 심하면 전체적으로 나타난다. 마그네슘결핍증과 유사하지만, 측맥과 측맥 사이에 황화현상이 진행되는 반면에 잎 가장자리가 갈색으로 변하지 않는다. 주맥과 측맥 부근에는 녹색을 유지하고, 엽맥과 엽맥 사이의 조직이 위로 용마루처럼 볼록 올라온다.

　토양의 pH가 상승하면 망간이 불용화되기 때문에 망간결핍증이 발생하기 쉽다. 양이온 사이의 경합에 있어 특히 마그네슘에 의해 흡수가 억제된다.

　황산망간 수용액 0.2%를 일주일 간격으로 3회 엽면살포한다. 토양이 알칼리성인 경우 알칼리 자재의 사용을 자제하고 유안, 황산칼리 등 산성비료를 써서 토양의 pH를 교정한다.

▲ 망간결핍증

▶ 수정불량과

▲ 수정불량과

인공수정이 제대로 이루어지지 않았을 때 기형과가 발생하거나 발육이 불량한 왜소한 과실이 발생한다.

이러한 수정불량과는 상품성이 없으므로 수분관리에 정성을 쏟고 결실이 이루어진 뒤 조기에 수정불량과를 적과하여 불필요한 영양손실이 일어나지 않도록 함으로써 건전한 정상과의 품질을 높일 수 있도록 과수원 적과관리를 수시로 해야 한다.

▶ 기형과

▲ 과실의 함몰과 돌기

▲ 편평과

헤이워드 과실에 흔히 발생하는 함몰과 돌기는 과피 표면을 따라 세로로 얕은 골이 생기고 골의 끝부분에 돌기가 형성되는 현상이다.

과피 표면에 함몰된 골은 착과가 이루어질 무렵에 과습한 조건에서 어린 과실의 표면에 달라붙은 수술이 떨어지지 않고 남아 있는 상태에서 과실이 비대해짐에 따라 함몰되어 생기는데, 이때 꽃받이 함께 과피 표면에 달라붙게 되면 돌기가 형성된다.

정상과에 비하여 과피에 함몰된 정도가 심하거나 돌기가 크면 외관상 좋지 않아 상품성이 떨어지므로 적과하는 것이 바람직하다.

편평과(넓적과)는 정상과에 비하여 과실의 폭이 넓고 과피 표면이 편평한 기형과로, 가지의 기부 쪽

▲ 과실의 함몰과 돌기

에 많이 발생한다. 편평과가 발생하는 원인은 확실하게 밝혀지지 않았으나, 화기 기형으로 발생하는 것으로 생각한다.

대상과는 2개 이상의 과실이 서로 유착되어 생기는 기형과로, 정상과의 자실수가 40실 정도인데 비하여 대상과의 자실수는 50~70실 정도로 많다.

대상과는 꽃눈 발달 이상으로 마루꽃눈과 곁꽃눈이 유착하면서 발생하는데, 마루꽃눈의 발달이 급정지됨에 따라 2개 이상의 과실이 유착되는 것으로 추정된다.

과실의 한쪽 어깨가 낮은 기형과는 과실을 세로로 절단해보면 낮은 쪽은 높은 쪽에 비하여 포함된 종자수가 적다. 발생원인은 확실하게 밝혀지지 않았으나, 과실 내의 종자수가 과실 비대에 영향을 미치는 것으로 미루어보아 화기의 기형이나 꽃썩음병 등에 의해 수분이 불충분하여 정상적인 과실 비대가 이루어지지 않아 발생하는 것으로 추정한다.

▶ 공동과

공동과는 과실의 종자 주변에 속이 텅 빈 공동이 발생하는 것으로, 공동 발생은 햇빛을 많이 받는 열매꼭지 부위의 남쪽 면에 많고, 심하면 전 횡단면에 나타나 세로 지름의 75%까지 발생한다.

공동과는 낙과되는 것과 수확기까지 낙과되지 않고 외관상 건전과와 전혀 구별되지 않는 것이 있다. 낙과되는 공동과는 과실 표면에 푹 파이는 증상이 나타나며, 태풍에 의해 심하게 낙엽이 된 경우에 발생된다.

발생원인은 과실에 햇볕 쬠이 급격하게 증가함에 따라 과실온도가 상승하여 종자 주변의 태좌세포가 파괴되고 공동화되기 때문으로 추정한다.

방지대책은 방풍림을 조성하거나 방풍망을 설치하여 낙엽의 피해를 줄이고, 낙엽이 심하면 과실에 직사광선을 받지 않도록 해가림을 해주거나 봉지를 씌워준다.

▶ 낙하산잎

봄철 신초가 나오는 시기에 새로 나온 잎 가장자리가 연두색 또는 갈색으로 변색되고 생장이 멈춰버림으로써 잎이 전개되지 못하고 낙하산 모양으로 아래쪽으로 휘어지는 낙하산잎이 최근에 많이 발생한다.

보통 결과지에서는 낙하산잎의 가장자리는 시간이 지남에 따라 점차 갈변하면서 죽고 잎 전체가 기형이 되면서 말라죽으며 꽃봉오리도 개화하지 못하고 시들어버린다.

낙하산잎의 발생은 재배형태별로 비가림시설보다 파풍망, 노지재배에서 많이 발생하고, 밭보다 배수가 불량한 논포장에서 많이 발생한다. 또한 유묘기에 저온피해를 받은 경우에 많이 발생하고, 전정방법에 따른 상처융합 정도에 따라 발생이 심해진다. 낙하산잎 발생이 심할수록 신초수, 신초길이, 수량에서 차이가 크다.

낙하산잎이 발생하는 원인은 정확하게 밝혀지지 않았다. 영양결핍에 따른 생리장해로 추정하는 연구자도 있는 반면 해충 피해를 입은 가지에서 나타나는 생리장해로 추정하는 연구자도 있다. 또한 일부 낙하산잎에서는 궤양병균이 검출되었기 때문에 궤양병에 따른 피해라고 추정하기도 한다.

참다래 전정시 전정가위, 톱 등은 소독하고 전정부위나 가지비틀기 등에 따른 상처부위에는 톱신 페스트 등 도포제를 처리하여 병원균 침입과 동해 발생을 예방한다.

▲ 낙하산잎

5장 기상 재해와 기타 재해

▶ 동해

참다래는 낙엽이 되어 휴면 중인 겨울철에는 저온에 대한 저항성이 강하며 -16℃에서도 견딘다는 보고가 있으나 수액 유동기에는 내한성이 매우 약하다.

난지에서는 수액 유동이 빠른데, 이때 대륙에서 이동성고기압이 갑자기 불어오면 지표면에서 열 방사가 시작되어 극기온(지표와 공기가 만나는 부분의 기온)이 현저하게 저하됨으로써 동해를 유발하기 쉽다.

동해는 1~3년생인 유목의 주간부, 특히 지제부에 발생되는 경우가 많다. 동해를 입으면 발아 후 새 가지의 신장이나 잎의 전개가 현저하게 늦어진다.

주간이나 가지에 피해를 입은 표피는 초기에는 균열이나 변색 등의 현저

▲ 동해를 입은 참다래 나무

한 변화를 보이지 않으나 손끝으로 누르면 들어가는 느낌이 있다. 이러한 상태에서 시간이 경과하면 형성층이 상하여 점차 갈색으로 변한다.

겨울철 휴면기인 12~2월에는 12월이나 2월보다 1월에 휴면에 깊이 들어가기 때문에 참다래 가지의 저온 내한성은 1월에 가장 강하고 다음은 12월, 2월 순이다. 또한 동일한 기온 조건에서 지역별로는 상대적으로 따뜻한 지역인 제주도의 참다래가 다른 지역에서 자라는 참다래보다 저온에 의한 동해에 취약하여 싹이 트지 않고 고사하는 정도가 심했다.

-15℃ 이하에서는 품종에 관계없이 참다래 눈이 동해에 치명적인 피해를 입어 참다래 재배한계온도를 나타냈다.

-10℃에서는 헤이워드가 다른 품종보다 동해 피해를 심하게 입었으며, 기온이 상승하여 휴면이 타파되고 수액 이동 시기에 이를수록 동해에 취약해졌다.

동해가 발생한 나무에는 상처가 생기기 때문에 부생균이 자라 형성층이 상하거나 변색되면서 부패하기 쉽다.

또 상처부위는 병원균이 침입하기에 적당한 장소가 되기 때문에 참다래 궤양병균이 감염을 일으키기도 한다. 더구나 참다래 궤양병균이 일단 감염을 일으키면 빙핵활성에 의해 동해를 더욱 쉽게 유발하는 악순환의 고리가 이어져 참다래 나무가 고사하는 피해가 급증한다.

유목원이나 냉기류가 정체되기 쉬운 과수원에서는 주간부를 짚이나 보온피복

▲ 동해를 방지하기 위하여 짚으로 감싼 참다래 주간부

재로 싸주는 것이 좋다.
 수체의 동해는 저장양분의 다소와 관계가 밀접하기 때문에 조기낙엽, 결실과다되지 않게 하고, 질소비료 시용을 줄여 웃자라거나 늦게까지 생육이 계속되지 않게 한다.

▶ 상해

▲ 상해를 입은 참다래 신초

참다래는 2월 중순경에 수액의 유동이 시작되고 4월 상순에 발아되므로 포도보다 7~10일쯤 빨라 늦서리 피해를 입기 쉽다.

발아기에 늦서리의 해를 입으면 꽃눈을 포함한 새순이 더운물을 부은 것처럼 말라죽는다.

서리가 엄습하면 기온이 −1~ −2℃로 낮아져 조직이 동결되고, 해동될 때에는 과냉각되어 −4~−5℃에 이르므로 세포는 동결, 파괴되어 말라죽는다.

서리 피해는 일반적으로 한랭지보다 난지에서 발생하기 쉬우며, 생장이 많이 진행된 시기일수록 피해가 심하다. 서리 피해 대책으로 냉기류가 머물기 쉬운 분지나 경사지의 경우 그 하부에 키가 큰 산림으로 차단된 장소 등에서는 재배를 피하는 것이 좋다.

또 상해를 방지하기 위해서는 방상대형 선풍기로 상층부의 따뜻한 공기를 과수원으로 불어내리는 방법이나 방상 그물을 설치하는 방법을 이용한다.

▶ 풍해

▲ 태풍 피해를 입은 참다래

참다래는 잎이 커서 바람을 받기 쉽고 4~5월 계절풍에 연한 신초가 피해를 많이 입는다. 바람은 덩굴과 과실에 찰과상을 일으킬 뿐만 아니라 신초는 부드럽고 유연하여 바람에 쉽게 손상되며, 결과지가 쉽게 부러지고, 그 해 수량 감소는 물론 결과도 손실을 입어 다음 해 수량에도 영향을 미친다.

때로는 바람의 영향으로 높은 증발산이 이루어져 탈수 현상을 일으키는데, 8~9월의 태풍은 낙엽, 찰과상을 일으키고 심한 경우는 공동과현상 등 품질 저하와 다음 해의 꽃눈분화에도 치명적인 영향을 준다.

특히 난지의 해안지방에서는 해풍의 피해를 받기 쉬우므로 바람을 받는 상태 등을 고려하여 적지를 선정해야 한다. 방풍망이나 파풍벽, 시설하우스 등의 방풍시설 설치는 풍해를 예방하기 위한 필수요건이다.

우리나라는 방풍림으로 삼나무나 편백나무를 많이 이용하는데, 참다래를 식재하는 해에 방풍림을 심으면 어린나무를 보호하기 어려우므로 참다래를 정식하기 전에 방풍림을 심어야 한다. 식재 초기에는 방풍림도 바람 때문에 뿌리가 상처를 입을 수 있으므로 깊이 심고 지주를 세워준다. 방풍림을 가능한 한 빨리 생장시키려면 식재부터 초기 2~3년은 충분히 시비하고 병해충 방제에 힘써야 한다.

그리고 참다래 성목원인데도 방풍림이 아직 조성되지 않은 곳에서는 방풍림 조성에 시간이 오래 걸리므로 파풍망이나 파풍벽, 시설하우스 등의 방풍시설을 설치하여 바람을 막아주는 것이 바람직하다.

참다래 신초는 바람 세기가 초속 10m 이상이면 찢어지거나 기저부가 결손되지만 평균적으로 잎이 찢어지는 것은 초속 20m이고 가지부러짐은 21.7m에서 발생한다.

신초 부러짐은 신초길이가 신초 굵기보다 영향을 더 많이 미치지만 신초 길이가 긴 것은 짧은 것보다 잘 부러지므로 봄철 신초가 긴 가지는 결속, 가지비틀기 등으로 유인 작업을 우선 실시한다.

약 60% 다공도 파풍펜스를 설치해도 신초를 보호하는 효과가 뛰어나므로 주변에서 구할 수 있는 고추건조망이나 조밀한 망을 과수원 주변에 설치하여 봄철 초속 20m 정도의 강풍 피해를 줄일 수 있다.

▶ 습해

참다래는 내습성이 약한 과수이기 때문에 논처럼 배수가 불량한 토양에서 뿌리가 장시간 물에 잠기면 잎에서 광합성이 서서히 저하되고 증산작용도 제대로 이루어지지 못하여 생육이 현저하게 불량해져 말라죽는다.

배수가 양호한 토양에서도 집중호우에 의한 강우가 빨리 빠져나가지 않아 과수원에 물이 찬 시간이 길어지면 습해가 발생하는 경우가 있다. 보통 습해가 발생하기 쉬운 토양에는 역병균이 서식하기 좋기 때문에 습해 때문에 뿌리가 약해지면 역병의 감염과 피해가 크게 발생한다.

습해가 발생한 과수원에는 배수시설을 시급하게 설치하여야 한다. 배수 방법에는 명거배수와 암거배수가 있는데, 명거배수는 지하매설물을 통하지 않고 표토면 바로 밑으로 눈에 띄게 배출시키는 방법으로, 배수할 물의 양이 많거나 면적이 넓을 때 또는 지표면에 물이 고이는 경우에 알맞다.

명거배수는 배수가 쉽고 작업도 용이하나 뿌리가 뻗을 면적이 줄어드는 단점이 있다.

암거배수는 굴삭기로 깊이 1m, 폭 1m 정도의 토양을 굴취한 구덩이에 차광망을 감은 지름 100mm 이상의 유공관을 연결, 설치하는 방법으로 지표면이 편평하여 토양 중에 정체되는 물이 많을 때 이용한다.

암거배수는 농사작업에 지장이 없어 과수원 이용 면에서 유리하지만 설치에 노동력이 많이 필요하고 물 빠짐이 느리다.

▲ 습해를 입은 참다래 나무

▶ 건조, 고온에 따른 수분장해

참다래를 시설하우스에서 재배할 경우 보통 점적관수를 통하여 수분장해가 일어나지 않도록 관리하지만 여름철 고온기에 통풍이 잘 되지 않는 시설하우스 내부에서는 기온이 올라가면서 증산이 많이 일어나기 때문에 지나친 수분손실로 관수량이 충분할지라도 식물체 내에 수분균형이 이루어지지 않아 수분장해가 발생한다.

건조, 고온에 의한 수분장해는 구분하기가 쉽지 않다. 건조에 의한 수분장해는 잎 가장자리부터 잎이 푸르른 채 마르면서 말리고, 고온에 따른 수분장해는 잎이 갈색으로 마르면서 말리고 일찍 낙엽이 진다.

▲ 수분장해가 나타난 참다래 나무

▶ 우박 피해

우박은 참다래 신초, 잎, 과실 등 모든 기관에 피해를 입히며 만약 화아분화가 일어나기 전에 우박 때문에 심하게 낙엽지게 되면 다음 해 결실력이 떨어진다.

거센 우박은 신초를 부러뜨리기도 하며 과실의 피해부위는 부패하지는 않지만 흠집이 남는다.

▶ 번개 피해

극히 발생 가능성이 적은 기상재해지만 울타리나 덕에 의한 참다래 재배에서는 이에 사용되는 철선 또는 철재 지주 때문에 번개 피해가 발생하기도 한다.

심한 경우에는 지주가 파괴되기도 하며 번개의 전기는 철선을 따라 전류되므로 같은 덕에 위치한 많은 나무가 동시에 감전되어 피해를 볼 수 있다. 전기충격을 받은 나무는 시들음증상을 보이고 수피내 목질부가 변한다.

번개 피해를 받은 나무는 즉시 회복될 경우와 주간부에서부터 고사되는 두 가지 뚜렷한 반응을 보인다. 고사할 경우 지면의 주간부위에서 신초가 발생되면 삽목변식묘가 아닌 경우에는 다시 접목하여 재생할 수 있다.

▶ 인도철사 피해

▲ 쇠녹오염과

참다래 덕에서 줄기와 가지를 유인하는 인도철사는 빗물이나 구리를 함유하는 약제로 부식되어 녹물이 흘러내려 참다래 과실을 오염시킨 쇠녹오염과를 발생시킨다.

쇠녹오염과는 비대생장이 저해를 받는 것은 아니지만 과실 표피에 쇠녹으로 오염된 색깔이 지워지지 않아 상품성을 떨어뜨린다.

인도철사는 참다래 줄기나 가지의 생장을 저해하거나 과실의 비대생장을 저해하기도 한다. 참다래 재식연수가 늘어남에 따라 인도철사가 참다래 줄기나 가지의 조직 속으로 파고들어가 생장을 저해하고 심지어 상처를 유발하여 병원균은 물론 부생균이나 버섯에 감염되기 쉬운 상태를 만들기도 한다.

인도철사는 또 참다래 과실이 비대생장하는 것을 방해하여 인도철사에 눌린 기형과를 발생시키거나 쇠녹으로 오염해서 참다래의 상품성을 떨어뜨리기도 한다.

▲ 인도철사에 의한 찰과상 피해

▶ 일소과

▲ 강한 햇빛에 발생한 일소과

햇빛에 노출된 과실 부위가 햇볕에 데어 발생하는 일소과는 고온 때문에 과실표면이나 과육세포가 괴사되어 생기는데, 일소과가 발생할 때 과실온도는 기온에 비하여 10℃ 이상 높아 44℃ 정도까지 이른다.

햇볕 피해가 약한 일소과는 과실표면에서 햇볕을 받는 쪽이 암갈색이 되고 과실표면의 털이 탈락되는 정도에 머물지만, 피해가 심한 일소과는 과육이 움푹 파이고, 낙과되는 것이 많다.

여름철 또는 가을에 태풍에 의한 낙엽이 심할 때에는 직사광선을 쬐지 않도록 봉지를 씌우는 것이 좋다.

▶ 약해

약해는 농약을 과다하게 사용하거나 잘못 혼용하였을 경우에 흔히 발생한다. 참다래는 기타 광엽식물과 마찬가지로 2,4-D 같은 잔류성 호르몬 제초제나 글라신 액제 같은 이행성 제초제에 민감한 반응을 보여 약해를 나타낸다.

제초제를 사용할 때 과실이나 잎에 묻으면 잎이 오그라들거나 과실 모양이 찌그러드는 등 기형과가 생기고 가을철의 2,4-D 피해는 다음 해 결실된 과실에까지 영향을 미친다.

이러한 과실은 꼭지 부분이 눈에 띄게 튀어나오며 정상과에 비해 길쭉한 모양이 된다.

▲ 약해가 발생한 참다래 잎

▶ 에틸렌가스 피해

    장마철에 시설재배 과수원의 토양이 습하고 광선의 투과와 통기가 불량한 경우에 토양이나 과실에서 방출되는 에틸렌가스의 농도가 갑자기 높아져 에틸렌가스가 과실의 과경지를 갈변시켜 괴사시킴으로써 낙과를 일으키는 경우가 발생한다.

    에틸렌은 식물체의 노화를 촉진하는 식물생장조절호르몬의 일종이므로 시설하우스에 에틸렌가스 농도가 높아지면 과경지에 영향을 주고 이층조직 형성을 유도하여 낙과시키는 것으로 추정한다.

    에틸렌가스에 의한 낙과 피해는 시설하우스 내부에 통풍해주면 사라진다.

▲ 에틸렌가스에 의한 제스프리골드 과실 피해

▶ 참고문헌

강춘기. 1990. 우리나라 과실류의 역사적 고찰. 5(3): 301~312.

고숙주, 강범룡, 이용환, 김용환, 김기청. 2000. 월동저온, 저온기간 및 가지직경이 참다래 궤양병의 진전과 조직내 병원균 이행에 미치는 영향. 「식물병연구」 6(2): 76~81.

고숙주, 강범룡, 차광홍, 김용환, 김기청. 2000. 참다래 휴면지의 동결과 해동이 궤양병의 진전에 미치는 영향. 「식물병연구」 6(2): 82~87.

고숙주, 이용환, 차광홍, 박기범, 박인진, 김영철. 2002. 참다래 궤양병의 간편한 병원성 검정법 개발. 「식물병연구」 8(4): 250~253.

고숙주, 이용환, 차광홍, 이승돈, 김기청. 2002. 참다래 궤양병 발생상황과 시설재배에 의한 방제. 「식물병연구」 8(3): 179~183.

고영진. 1995. 참다래의 주요 병. 「식물병과 농업」 1(1): 3~13.

고영진, 박숙영, 이동현. 1996. 우리나라 참다래 궤양병 발생 특성 및 수간주입에 의한 방제. 「한국식물병리학회지」 12(3): 324~330.

고영진, 서정규, 이동현, 신종섭, 김승화. 1999. 참다래 궤양병의 약제 방제. 「식물병과 농업」 5(2): 95~99.

고영진, 이동현. 1992. *Pseudomonas syringae* pv. *morsprunorum*에 의한 키위 궤양병. 「한국식물병리학회지」 8(2): 119~122.

고영진, 이동현, 정희정, 차병진. 1994. 참다래 궤양병의 격발 및 확산. 「한국식물병리학회지」 10(1): 68~72.

고영진, 이재군, 허재선, 박동만, 정재성, 유용만. 2003. 참다래 저장병 방제 약제 선발.「식물병연구」9(3): 170~173.

고영진, 이재군, 허재선, 박동만, 정재성, 유용만. 2003. 참다래 저장병 예방약제 최적 살포 체계 확립.「식물병연구」9(4): 205~208.

고영진, 이재군, 허재선, 정재성. 2003. 우리나라 참다래 저장병 발병률과 병원균.「식물병연구」9(4): 196~200.

고영진, 이재군, 허재선, 정재성. 2003. 후숙 온도가 참다래 저장병 발병에 미치는 영향.「식물병연구」9(4): 201~204.

고영진, 정희정, 김정화. 1993. *Pseudomonas syringae*에 의한 참다래 꽃썩음병.「한국식물병리학회지」9(4): 300~303.

고영진, 차병진, 정희정, 이동현. 1994. 참다래 궤양병의 격발 및 확산.「한국식물병리학회지」10(1): 68~72.

고영진. 1997. Biolog program을 이용한 참다래 궤양병균 동정용 data base.「한국식물병리학회지」13(2): 125~128.

박용서, 김병운. 1995. 참다래 저장 중 과실경도, 과실 내 성분, 호흡량 및 에틸렌 함량변화.「한국원예학회지」36(1): 67~73.

박용서, 박문영. 1997. 적과시기와 정도가 참다래의 과실품질, 수량 및 익년개화에 미치는 영향.「한국원예학회지」38(1): 60~65.

박용서, 정순택. 2002. CA 저장에서 참다래 과실 절편의 품질 변화.「한국원예학회지」43(6): 733~737.

박용서, 정순택. 2003. 참다래 최소 가공 절편의 과중에 따른 저장력.「한국원예학회지」44(5): 666~669.

박용서. 1996. CA 저장 후 상온 및 저온저장에서 참다래의 저장성.「한국원예학회지」37(1): 58~63.

박용서. 2002. 참다래 절편의 저장 온도에 따른 저장력.「한국원예학회지」43(6): 728~732.

박용서. 2003. 참다래 예조와 예열에 따른 저장 중 연화과 및 부패과 발생률 변화. 「한국원예학회지」 45(5): 670~674.

박종대, 박인진, 한규평. 1994. 참다래를 가해하는 해충과 우점종인 열매꼭지나방의 가해 특성. 「한국응용곤충학회지」 33(3): 148~152.

박지영, 이웅, 송동업, 성기영, 조백호, 김기청. 1997. *Pestalotiopsis menezesiana*에 의한 참다래 잎마름병과 발생 생태. 「한국식물병리학회지」 13(1): 22~29.

백운하 외. 1985. 『신고 해충학』. 제3장 과수의 해충. 향문사. 330~351.

신종섭, 박종규, 김경희, 박재영, 한효심, 정재성, 허재선, 고영진. 2004. 참다래 꽃썩음병균의 동정 및 발생 생태. 「식물병연구」 10(4): 290~296.

신종섭, 박종규, 김경희, 정재성, 허재선, 고영진. 2004. 참다래 꽃썩음병 예방약제 최적 살포 체계. 「식물병연구」 10(4): 297~303.

신종섭, 박종규, 김경희, 정재성, 허재선, 고영진. 2004. 환상박피와 비가림 시설을 이용한 참다래 꽃썩음병의 경종적 방제. 「식물병연구」 10(4): 304~309.

이정혜, 이두형. 1998. 매실, 사과 및 참다래의 과실썩음병을 일으키는 Phomopsis mali의 균학적 특징과 병원성. 「한국식물병리학회지」 14(2): 109~114.

이창후, 김성복, 강성구, 고종희, 김선선, 한동현. 2001. 수확 후 칼슘처리에 따른 참다래 과실의 저온저장 중 세포벽대사의 변화. 「한국원예학회지」 42(1): 91~94.

이창후, 김성복, 강성구, 박병준, 한동현. 2001. 저온 및 CA 저장 참다래 'Hayward'의 저장 후의 연화 및 생리적 변화. 「한국원예학회지」 42(1): 87~90.

정재성, 한효심, 조윤섭, 고영진. 2003. Nested PCR을 통한 참다래 궤양병균의 검출. 「식물병연구」 9(3): 116~120.

정재성, 한효심, 고영진. 2001. *Pseudomonas syringae*의 식물독소와 독소 생산 균주의 검출을 위한 PCR primer. 「식물병연구」 7(3): 123~133.

조정일, 조자용, 박용서, 손동모, 허북구, 김철수. 2007. 참다래의 친환경재배를 위한 과숙썩음병원균에 대한 길항성 방선균 #120의 선발 및 분리.「한국생물환경조절학회지」16(3): 252~257.

조정일, 조자용, 박용서, 양승렬, 허북구. 2007. 참다래 꼭지썩음병을 일으키는 *Diaporthe actinidiae*을 억제하는 길항성 *Bacillus* sp. #72의 분리 및 동정.「한국지역사회생활과학회지」18(2): 241~246.

조정일, 조자용, 박용서, 양승렬, 허북구. 2007. 참다래 꽃썩음병에 대한 방선균 #110의 분리, 동정 및 생물적 방제효과.「원예과학기술지」25(3): 235~240.

한효심, 고영진, 정재성. 2004. PCR을 통한 토양에서 *Pseudomonas syringae* pv. *actinidiae*의 검출.「식물병연구」10(4): 310~312.

홍성식, 이창후, 김성복. 1994. 폴리에틸렌 필름과 저온처리가 참다래의 저장 중 품질에 미치는 영향.「한국원예학회지」35(2): 165~171.

H.S. Han, E.J. Oak, Y.J. Koh, J.S. Hur, J.S. Jung. 2003. Characterization of *Pseudomonas syringae* pv. *actinidae* isolated in Korea and Genetic relationship among cronatine-producing pathovars based on cmaU sequences. *Acta Hort.* 610: 403~408.

H.S. Han, H.Y. Nam, Y.J. Koh, J.S. Hur, J.S. Jung. 2003. Molecular bases of high-level streptomycin resistance in *Pseudomonas marginalis* and *Pseudomonas syringae* pv. *actinidae*. *J. Microbiol.* 41(1): 16~21.

H.S. Han, Y.J. Koh, J.S. Hur, J.S. Jung. 2003. Identification and characterization of coronatine-producing *Pseudomonas syringae* pv. *actinidae*. *J. Microbiol. Biotechnol.* 13(1): 110~118.

H.S. Han, Y.J. Koh, J.S. Hur, J.S. Jung. 2004. Occurrence of the strA-strB streptomycin resistance genes in *Pseudomonas* species isolated from kiwifruit plants. *J. Microbiol.* 42(4): 365~368.

J.S. Hur, J.A. Kim, M. Kim, J.S. Jung, Y.J. Koh. 2003. Effects of ozonated water on postharvest pathogens of kiwifruits in laboratory. *Acta Hort.* 610:

433~436.

J.S. Hur, S.O. Oh, J.S. Jung, Y.J. Koh, J.G. Park, J.C. Park. 2003. Antifungal properties of *Eucalyptus darlympleana* against postharvest pathogens of kiwifruits. *Acta Hort.* 610: 425~431.

J.S. Hur, S.O. Oh, K.M. Lim, J.S. Jung, J.W. Kim, Y.J. Koh. 2005. Novel effects of TiO2 photocatalytic ozonation on control of postharvest fungal spoilage of kiwifruit. *Postharvest Biol. Technol.* 35(1): 109~113.

Y. J. Koh, D. H. Lee, J. S. Shin, J. S. Hur. 2001. Chemical and cultural control of bacterial blossom blight of kiwifruit caused by *Pseudomonas syringae* in Korea. *N. Z. J. Crop & Hort. Sci.* 29(1): 29~34.

Y. J. Koh, I. S. Nou. 2002. DNA markers for identification of *Pseudomonas syringae* pv. *actinidae*. *Mol. Cells* 13(2): 309~314.

Y. J. Koh, J.G. Lee, D.H. Lee, J.S. Hur. 2003. *Botryosphaeria dothidea*, the causal organism of ripe rot of kiwifruit (*Actinidia deliciosa*) in Korea. *Plant Pathology J.* 19(5): 227~230.

Y. J. Koh, J.S. Hur, J.S. Jung. 2005. Postharvest fruit rots of kiwifruit (*Actinidia delisiosa*) in Korea. *N.Z.J. Crop & Hort. Sci.* 33: 303~310.

Y. J. Koh, J.S. Jung, J.S. Hur. 2003. Current status of occurrence of major diseases on kiwifruits and their control in Korea. *Acta Hort.* 610: 437~443.

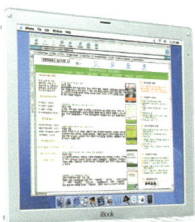

Joongang Life Publishing Co./Joongang Economy Publishing Co.

중앙생활사는 건강한 생활, 행복한 삶을 일군다는 신념 아래 설립된 건강·실용서 전문 출판사로서 치열한 생존경쟁에 심신이 지친 현대인에게 건강과 생활의 지혜를 주는 책을 발간하고 있습니다.

알기 쉬운 참다래 병해충과 생리장해

초판 1쇄 발행 | 2008년 1월 13일
초판 2쇄 발행 | 2012년 6월 25일

지은이 | 고영진(Youngjin Koh) 외
펴낸이 | 최점옥(Jeomog Choi)
펴낸곳 | 중앙생활사(Joongang Life Publishing Co.)

대   표 | 김용주
편   집 | 한옥수
기   획 | 정두철
디자인 | 이여비
인터넷 | 김희승

출력 | 국제피알   종이 | 한솔PNS   인쇄·제본 | 국제피알

잘못된 책은 바꾸어 드립니다.
가격은 표지 뒷면에 있습니다.

ISBN 978-89-6141-018-2(04520)
ISBN 978-89-89634-54-6(세트)

등록 | 1999년 1월 16일 제2-2730호
주소 | ⓟ100-826 서울시 중구 다산로20길 5(신당4동 340-128) 중앙빌딩 4층
전화 | (02)2253-4463(代) 팩스 | (02)2253-7988
홈페이지 | www.japub.co.kr 이메일 | japub@naver.com | japub21@empas.com
♣ 중앙생활사는 중앙경제평론사·중앙에듀북스와 자매회사입니다.

Copyright ⓒ 2008 by 고영진 외
이 책은 중앙생활사가 저작권자와의 계약에 따라 발행한 것이므로 본사의 서면 허락 없이는
어떠한 형태나 수단으로도 이 책의 내용을 이용하지 못합니다.

▶홈페이지에서 구입하시면 많은 혜택이 있습니다.

중앙북샵 www.japub.co.kr
전화주문 : 02) 2253 - 4463

※ 이 도서의 국립중앙도서관 출판시도서목록(CIP)은 e-CIP 홈페이지(www.nl.go.kr/cip.php)에서
   이용하실 수 있습니다.(CIP제어번호: CIP2007003734)

참다래특화작목산학연협력단

참다래특화작목산학연협력단은 과실 생산에서 유통, 소비, 가공품에 이르기까지 참다래 브랜드(명품)화에 필요한 현장 애로기술을 지원하고 새로운 기술을 개발하는 데 최선을 다함으로써 전남산 참다래의 한국화, 세계화를 달성하는 데 최선의 노력을 기울이고 있습니다.

― 2007년 참다래특화작목산학연협력단 컨설팅 ―

◀ 이스라엘 히브리대학 약학과 셸라 교수 초청 강연(2007. 7. 12)

▲ 전남 보성지역 참다래 재배 및 유통 컨설팅(2007. 4. 28)

▲ 전남 고흥지역 궤양병 예방과 방제 컨설팅(2007. 4. 5)

▲ 참다래병 친환경 방제 세미나(2007. 3. 3)

▲ 참다래 교육 및 단체 컨설팅(2007. 3. 3)

▲ 참다래 환상박피 시연회(2007. 4. 14)

▲ 참다래특화작목산학연협력단에서 개발한 다래 건강음료 및 제조방법기술 이전 협약식(2007. 5. 7)

참다래에 대한 문의처

- **참다래특화작목산학연협력단**
  Tel : 061-450-2376 | Fax : 061-452-0140 | 홈페이지 : www.jeoncd.com

- **과수연구시험장**
  Tel : 061-533-9816 | Fax : 061-533-7159 | 홈페이지 : http://nanji.jares.go.kr

- **다래수액 문의**
  홈페이지 : www.daraesoo.kr